服务业清洁生产培训系列教材

交通运输行业
清洁生产培训教材

李晓丹　陈　晨　李　旭　等编著

化学工业出版社

·北　京·

本书共分8章，在简要介绍清洁生产的概念及国内实践基础上，阐述了服务业清洁生产现状及发展趋势、交通运输行业概况及特点、交通运输行业清洁生产审核方法、交通运输行业评价指标体系及评价方法、交通运输行业清洁生产先进管理经验和技术、交通运输行业清洁生产典型案例、交通运输行业清洁生产组织模式和促进机制。书后还附有行业政策类和技术类文件，便于读者查阅。

本书旨在促进交通运输行业清洁生产工作，提升行业技术水平和管理水平，推动审核单位、咨询服务机构及管理者从不同角度推进清洁生产相关工作，可供从事清洁生产研究的技术人员和管理人员参考，也可供高等学校环境科学与工程及相关专业师生参阅。

图书在版编目（CIP）数据

交通运输行业清洁生产培训教材/李晓丹等编著. —北京：化学工业出版社，2018.7

服务业清洁生产培训系列教材

ISBN 978-7-122-32217-3

Ⅰ.①交… Ⅱ.①李… Ⅲ.①交通运输业-无污染技术-技术培训-教材 Ⅳ.①X73

中国版本图书馆CIP数据核字（2018）第107951号

责任编辑：刘　婧　刘兴春　　文字编辑：汲永臻

责任校对：王素芹　　装帧设计：韩　飞

出版发行：化学工业出版社（北京市东城区青年湖南街13号　邮政编码100011）

印　　刷：北京京华铭诚工贸有限公司

装　　订：三河市振勇印装有限公司

710mm×1000mm　1/16　印张13¾　字数216千字　2019年4月北京第1版第1次印刷

购书咨询：010-64518888　　售后服务：010-64518899

网　　址：http://www.cip.com.cn

凡购买本书，如有缺损质量问题，本社销售中心负责调换。

定　　价：68.00元

《交通运输行业清洁生产培训教材》编著人员名单

编著者（排名不分先后）：

李晓丹　陈　晨　李　旭　闫润生

辛小平　常翰源　李盼良　郭燕妮

于承迎　孙　楠　李　靖　李忠武

陈　征

前言

FOREWORD

清洁生产，其核心思想是将整体预防的环境战略持续运用于生产过程、产品和服务中，以提高生态效率，并减少对人类和环境的威胁，实现节能、降耗、减污、增效的目的。清洁生产标志着环境保护思路从“末端治理”转为“源头控制”，环境保护战略由“被动反应”转变为“主动行动”。

自20世纪70年代起，国际社会开始推行清洁生产，将其视为实现人类社会可持续发展的重要方式。目前欧盟部分国家、美国、加拿大、日本和中国均在推行清洁生产机制。我国清洁生产工作历经20余年发展，已基本形成了一套比较完善的清洁生产政策法规体系。目前全国已建立了20多个省级清洁生产中心，清洁生产成为国家深入推进节能减排工作、促进产业升级、实现经济社会可持续发展的重要途径。

北京市自1993年起积极推行清洁生产，结合经济社会发展特点及节能环保工作要求，通过开展清洁生产审核评估、推广清洁生产项目，在全市产业结构优化调整、技术升级改造、节能减排、治理空气污染等方面发挥了重要作用。2012年，国家发改委、财政部批准北京市为全国唯一服务业清洁生产试点城市，北京市选取能耗、水耗、污染物排放较高的医疗机构、高等院校、住宿餐饮、商业零售、洗衣、沐浴、商务楼宇、交通运输、汽车维修及拆解、环境及公共设施管理10个重点领域作为试点，探索开展服务业清洁生产工作。经过5年多的探索实践，北京市建立了服务业清洁生产推广模式，制定了服务业10个重点领域清洁生产评价指标体系，推广了一批服务业清洁生产示范项目，取得了较好的环境效益和经济效益，为实现服务业绿色发展提供了技术支撑。“服务业清洁生产培训系列教材”就是在系统总结北京市服务业清洁生产实践经验基础上编著的，共包括10本，分别针对服务业10个重点领域阐述了清洁生产审核方法、先进管理经验和技术等内容，填补了服务业清洁生产相关图书空白。

交通运输行业是经济社会发展的重要组成部分，是面向社会服务，与人民的生产、生活息息相关的窗口行业。作为中国首都，北京这一国际大都市，交通运输就像是心脏上的血管，不仅维系着北京的城市运转，更支持着全国的经济命脉。

在交通运输行业快速发展的同时，生态环境保护问题也逐渐凸显，机动车尾气排放、交通噪声和扬尘污染、交通运输基础设施建设对水流、水质以及生态环境的影响等都是突出的环境问题。针对近年来各大城市雾霾频发的研究表明，机动车废气在某些城市对空气污染的贡献率已经排在了第一位。

《北京市服务业清洁生产试点城市建设实施方案（2012—2015 年）》将交通运输行业作为重点领域之一大力推行清洁生产。本书在交通运输行业清洁生产试点工作的基础上，系统总结了交通运输行业清洁生产审核方法、评价指标体系、实践案例、清洁生产技术、管理经验及清洁生产推广模式，为促进交通运输业绿色、可持续发展提供了技术支持。

本书由长期工作在清洁生产一线的专业技术人员、管理人员及节能环保专家共同完成。在编著过程中，部分交通运输企业、清洁生产咨询机构为本书提供了大量数据、图片和资料；在成稿过程中得到了北京北科能环能源环境科技有限公司的闫润生、辛小平、常翰源、李盼良、郭燕妮等同仁的大力支持。此外，在本书的编著过程中，还得到了北京节能环保中心于承迎、孙楠、李靖、李忠武、陈征等同事的帮助，在此一并表示诚挚的谢意。

限于编著者水平和编著时间，书中不足之处在所难免，敬请读者批评指正。

编著者

2018 年 5 月

目录 CONTENTS

第1章 清洁生产概述

1.1 清洁生产的起源

清洁生产（cleaner production）是一种为节约资源和保护环境而采取的综合预防战略，是在回顾和总结工业化实践的基础上提出的，是社会经济发展和环境保护对策演变到一定阶段的必然结果。清洁生产是人们思想和观念的一种转变，即环境保护战略由被动反应向主动行动的一种转变。它综合考虑了生产、服务和消费过程的环境风险、资源和环境容量、成本和经济效益。与以往不同的是，清洁生产突破了过去以末端治理为主的环境保护对策的局限，将污染预防纳入产品设计、生产过程和所提供的服务之中，是实现经济与环境协调发展的重要手段。

工业化初期，由于对自然资源与能源的合理利用缺乏认识，对污染控制技术缺乏了解，采用粗放型的生产方式，片面追求经济的快速跃进，造成自然资源与能源的巨大浪费。部分工业废气、废水和废渣主要靠自然环境的自身稀释和自净能力进行消化，对排放的污染物数量和毒性缺乏管理，造成了污染物在不同环境介质中转移，加大了环境污染范围和对人群健康的危害，随着工业化进程的推进以及对自然了解的逐渐深入、科学技术的不断发展，人们开始思考通过在污染物产生的源头减少其产生量的办法来解决环境污染问题。

清洁生产概念最早可追溯到1976年。当年欧洲共同体（欧共体）在巴黎举行“无废工艺和无废生产国际研讨会”，会上提出“消除造成污染的根源”的思想；1979 年 4 月欧共体理事会宣布推行清洁生产政策；1984 年、1985 年、1987 年欧共体环境事务委员会三次拨款支持建立清洁生产示范工程。

进入 20 世纪 80 年代以后，随着工业的发展，全球性的环境污染和生态破坏越来越严重，能源和资源短缺也日益困扰着人们。在经历了几十年的末端治理之后，美国等发达国家重新审视环境保护历程，虽然在大气污染控制、水污染控制以及固体和有害废物处置方面均已取得显著进展，空气、水环境质量等明显改善，但全球气候变暖、臭氧层破坏等环境问题仍令人望而生畏。人们认识到，仅依靠实施污染治理所能实现的环境改善是有限的，关心产品和其生产过程对环境的影响，依靠改进生产工艺和加强过程管理等措施来消除污染可能更为有效。

1989 年 5 月联合国环境规划署工业与环境规划活动中心（UNEP IE/PAC）根据 UNEP 理事会会议的决议，制定了《清洁生产计划》，在全球范围内推进清洁生产。该计划的主要内容之一为组建两类工作组：一类为制革、造纸、纺织、金属表面加工等行业清洁生产工作组；另一类是清洁生产政策及战略、数据网络、教育等业务工作组。该计划还强调要面向政界、工业界和学术界人士，提高清洁生产意识，教育公众，推进清洁生产的行动。1992 年 6 月，在巴西里约热内卢召开的联合国环境与发展大会上，通过了《21 世纪议程》，号召工业提高能效，更新替代对环境有害的产品和原料，推动实现工业可持续发展。

自 1990 年以来，联合国环境规划署已先后在坎特伯雷、巴黎、华沙、牛津、汉城❶、蒙特利尔举办了六次国际清洁生产高级研讨会。在 1998 年 10 月汉城第五次国际清洁生产高级研讨会上，出台了《国际清洁生产宣言》，由包括 13 个国家的部长及其他高级代表和 9 位公司领导人在内的 64 位签署者共同签署了《国际清洁生产宣言》。《国际清洁生产宣言》的主要目的是提高公共部门和私有部门中关键决策者对清洁生产战略的理解，它也会激励对清洁生产咨询服务的更广泛的需求。《国际清洁生产宣言》是对作为一种环境管理战略的清洁生产的公开承诺。

20 世纪 90 年代初，经济合作与发展组织（OECD，以下简称“经合组织”）在许多国家采取不同措施鼓励采用清洁生产技术。例如，在联邦德

❶ 今韩国首尔。

国，将 70%投资用于清洁工艺的工厂可以申请减税；在英国，税收优惠政策是促使风力发电增长的原因。自 1995 年以来，经合组织鼓励许多国家的政府开始把环境战略落实到产品，引进生命周期分析，以确定在产品生命周期中的哪一个阶段有可能削减或替代原材料投入并以最低费用消除污染物和废物。这一战略刺激引导生产商和制造商以及政府政策制定者去寻找更有效的途径来实现清洁生产。

美国、荷兰、丹麦等发达国家在清洁生产立法、机构建设、科学研究、信息交换、示范项目等领域取得明显成就。发达国家清洁生产政策有两个重要倾向：一是着眼点从清洁生产技术逐渐转向产品全生命周期；二是从多年前大型企业在获得财政支持和其他种类对工业的支持方面拥有优先权转变为更重视扶持中小企业进行清洁生产，包括提供财政补贴、项目支持、技术服务和信息等措施。

当前，全球面临着环境风险不断增长、气候异常、生态环境质量恶化以及资源能源紧缺等多重挑战，清洁生产理念已经从工业生产向农业、服务业及社会生活渗入。生态设计、产品全生命周期控制、废物资源化利用等将成为今后清洁生产的发展方向，并将持续影响人们日常生活的方方面面。

1.2　清洁生产的概念

1.2.1　什么是清洁生产

清洁生产是人们思想和观念的一种转变，是环境保护战略由被动反应向主动行动的一种转变。联合国环境规划署在总结了各国开展的污染预防活动，并加以分析提炼后，提出了清洁生产的定义：“清洁生产是一种新的创造性的思想，该思想将整体预防的环境战略持续应用于生产过程、产品和服务中，以增加生态效率和减少人类及环境的风险。

① 对生产过程，节约原材料和能源，淘汰有毒原材料，减少废物的数量和毒性；

② 对产品，减少从原材料提炼到产品最终处置的全生命周期的不利影响；

③ 对服务，将环境因素纳入设计和所提供的服务中。”

《中华人民共和国清洁生产促进法》对清洁生产的定义如下。

清洁生产是指不断采取改进设计、使用清洁的能源和原料、采取先进的工艺技术与设备、改善管理、综合利用等措施，从源头削减污染，提高资源利用效率，减少或者避免生产、服务和产品使用过程中污染物的产生和排放，以减轻或者消除对人类健康和环境的危害。

清洁生产是一种全新的环境保护战略，是从单纯依靠末端治理逐步转向过程控制的一种转变。清洁生产从生态-经济两大系统的整体优化出发，借助各种相关理论和技术，在产品的整个生命周期的各个环节采取战略性、综合性、预防性措施，将生产技术、生产过程、经营管理及产品等与物流、能量、信息等要素有机结合起来并优化其运行方式，从而实现最小的环境影响、最少的资源能源使用、最佳的管理模式以及最优化的经济增长水平，最终实现经济的可持续发展。

传统的经济发展模式不注重资源的合理利用和回收利用，大量、快速消耗资源，对人类健康和环境造成危害。清洁生产注重将综合预防的环境战略持续地应用到生产过程、产品和服务中，以减少对人类和环境的危害。

具体来说，清洁生产主要包括以下 3 个方面的含义：

① 自然资源的合理利用，即要求投入最少的原材料和能源，生产出尽可能多的产品，提供尽可能多的服务，包括最大限度节约能源和原材料、利用可再生能源或清洁能源、利用无毒无害原材料、减少使用稀有原材料、循环利用物料等措施；

② 经济效益最大化，即通过节约能源、降低损耗、提高生产效益和产品质量，达到降低生产成本、提升企业的竞争力的目的；

③ 对人类健康和环境的危害最小化，即通过最大限度减少有毒有害物料的使用、采用无废或者少废技术和工艺、减少生产过程中的各种危险因素、废物的回收和循环利用、采用可降解材料生产产品和包装、合理包装以及改善产品功能等措施，实现对人类健康和环境的危害最小化。

1.2.2 为什么要推行清洁生产

1.2.2.1 推行清洁生产是可持续发展战略的要求

1992 年，在巴西里约热内卢召开的联合国环境与发展大会是世界各国对环境和发展问题的一次联合行动。会议通过的《21 世纪议程》制定了可持续发展的重大行动计划，可持续发展已取得各国的共识。

《21 世纪议程》将清洁生产看作是实现可持续发展的关键因素，号召工业提高能效，开发更清洁的技术，更新、替代对环境有害的产品和原材料，从而实现对环境和资源的保护和有效管理。

1.2.2.2　推行清洁生产是控制环境污染的有效手段

自 1972 年斯德哥尔摩联合国人类环境会议以后，虽然国际社会为保护环境做出了很大努力，但环境污染和自然环境恶化的趋势并未得到有效控制。与此同时，气候变化、臭氧层破坏、海洋污染、生物多样性损失和生态环境恶化等全球性环境问题的加剧，对人类的生存和发展构成了严重的威胁。

造成全球环境问题的原因是多方面的，其中以被动反应为主的“先污染后治理”的环境管理体系存在严重缺陷。

清洁生产彻底改变了过去被动的污染控制手段，强调在污染产生之前就予以削减，即在生产和服务过程中减少污染物的产生和对环境的影响。实践证明，这一主动行动具有效率高、较末端治理花费少、容易被企业接受等特点。

1.2.2.3　推行清洁生产可大幅降低末端处理负担

目前，末端处理是控制污染最重要的手段，对保护环境起着极为重要的作用，如果没有它，今天的地球可能早已面目全非，但人们也因此付出了高昂的代价。

清洁生产可以减少甚至在某些情形下消除污染物的产生。这样，不仅可以减少末端处理设施的建设投资，而且可以减少日常运行费用。

1.2.2.4　推行清洁生产可提高企业的市场竞争力

清洁生产有助于提高管理水平，节能、降耗、减污，从而降低生产成本，提高经济效益；同时，清洁生产还可以树立企业形象，促使公众支持企业产品。

随着全球性环境污染问题的日益加剧，能源、资源耗竭对可持续发展的威胁以及公众环保意识的提高，一些发达国家和地区认识到进一步预防和控制污染的有效途径是加强产品及其生产过程和服务的环境管理。欧共体于1993年公布了《欧共体环境管理与环境审核规则》，并于1995年4月实施；英国于1994年颁布BS7750用于环境管理；加拿大、美国等国家也制定了相应的标准。国际标准化组织（ISO）于1993年6月成立了环境管理技术委员会（ISO/TC207），要通过制定和实施一套环境管理的国际标准（ISO 14000）规范企业和社会团体等组织的环境行为，以达到节省资源，减少环境污染，改善环境质量，促进经济持续、健康发展的目的。由此可见，推行清洁生产不仅对环境保护而且对企业的生产和销售将产生重大影响，直接关系到企业的市场竞争力。

1.2.3 如何实施清洁生产

（1）政府层面推行清洁生产采取的措施

政府层面，推行清洁生产应采取以下措施：

① 完善法律法规，制定经济激励政策以鼓励企业推行清洁生产；

② 制定标准规范，指导企业推行清洁生产；

③ 开展宣传培训，提高全社会清洁生产意识；

④ 优化产业结构；

⑤ 支持清洁生产技术研发，建立清洁生产示范项目；

⑥ 壮大清洁生产产业，提高清洁生产技术服务能力等。

（2）企业层面推行清洁生产采取的措施

企业层面推行清洁生产应采取以下措施：

① 制订清洁生产战略计划；

② 加强员工清洁生产培训；

③ 开展产品（服务）生态设计；

④ 应用清洁生产技术装备；

⑤ 提高资源能源利用效率；

⑥ 开展清洁生产审核等。

1.3 我国清洁生产实践

我国清洁生产的形成和发展经历了3个阶段。

（1）引进阶段（1989—1992年）

1992年，中国积极响应联合国可持续发展战略和《21世纪议程》倡导的清洁生产号召，将推行清洁生产列入《环境与发展十大对策》，由此正式拉开了中国实施清洁生产的序幕。1992年5月国家环保局与联合国环境规划署在中国联合举办了第一次国际清洁生产高级研讨会，首次推出“中国清洁生产行动计划（草案）”。

（2）试点示范阶段（1993—2002年）

1993年10月，在第二次全国工业污染防治会议上，国务院、国家经贸委及国家环保局明确了清洁生产在我国工业污染防治中的地位。

1994年，《中国二十一世纪议程》将清洁生产列为优先领域。

1999年，《关于实施清洁生产示范试点的通知》选择北京等10个城市作为清洁生产试点城市；选择石化等5个行业作为清洁生产试点行业。

（3）建章立制及全面推广阶段（2003年至今）

2002年6月，第九届全国人大常委会第二十八次会议审议通过《中华人民共和国清洁生产促进法》（以下简称《清洁生产促进法》），于2003年1月1日起施行。《清洁生产促进法》的颁布使清洁生产纳入法制化轨道。为了全面贯彻实施《清洁生产促进法》，国家发展改革委、国家环保局联合下发了《清洁生产审核暂行办法》。

2004年10月，财政部发布《中央补助地方清洁生产专项资金使用管理办法》，由中央财政预算安排用于支持重点行业中小企业实施清洁生产，重点支持石化、冶金、化工、轻工、纺织、建材等行业。

2005年至今，《重点企业清洁生产审核程序的规定》《关于进一步加强重点企业清洁生产审核工作的通知》《关于深入推进重点企业清洁生产的通知》等促进了我国清洁生产工作的深入开展。

2009年10月，财政部与工信部联合发布《中央财政清洁生产专项资金管理暂行办法》，中央财政预算安排，专项用于补助和事后奖励清洁生产技术示范项目。

2011年3月，《中华人民共和国国民经济和社会发展第十二个五年规划纲要》提出：加快推行清洁生产，在农业、工业、建筑、商贸服务等重点领域推进清洁生产示范，从源头和全过程控制污染物产生和排放，降低资源消耗。

2011年12月，《国家环境保护“十二五”规划》提出：大力推行清洁生产和发展循环经济，提高造纸、印染、化工、冶金、建材、有色、制革等行业污染物排放标准和清洁生产评价指标。

2011年12月，《工业转型升级规划（2011—2015年）》提出：健全激励与约束机制，推广应用先进节能减排技术，推进清洁生产；促进工业清洁生产和污染治理，以污染物排放强度高的行业为重点，加强清洁生产审核，组织编制清洁生产推行方案、实施方案和评价指标体系；在重点行业开展共性、关键清洁生产技术应用示范，推动实施一批重大清洁生产技术改造项目。

2012年2月，第十一届全国人民代表大会常务委员会第二十五次会议通过了关于修改《中华人民共和国清洁生产促进法》的决定。

2012年8月，《节能减排“十二五”规划》提出：以钢铁、水泥、氮肥、造纸等行业为重点，大力推行清洁生产，加快重大、共性技术的示范和推广，完善清洁生产评价指标体系，开展工业产品生态设计、农业和服务业的清洁生产试点。

随着《中华人民共和国清洁生产促进法》（2012年修正版）的出台，各省（区、市）根据本地区的实际情况，颁布实施了《清洁生产审核暂行办法实施细则》等地方推行清洁生产的政策法规；天津、云南等地还颁布了《清洁生产条例》。

2016年5月，国家发展改革委，环境保护部发布了《清洁生产审核办法》。

1.4 北京清洁生产实践

北京市清洁生产的形成和发展分为3个阶段。

（1）试点示范阶段（1993—2004年）

北京市引进清洁生产思想、知识和方法。在世界银行“推进清洁生产”项目的支持下，北京红星股份有限公司等企业实施清洁生产审核。

（2）快速发展阶段（2005—2009年）

北京市积极组织清洁生产潜力调研，建立健全政策法规体系。在此期间，14个行业近200家企业开展清洁生产审核。

2007年5月，北京市财政局、发展改革委、工业促进局和环保局联合制定了《北京市支持清洁生产资金使用办法》，在整合中小企业专项资金、固定资产投资资金和排污收费资金的基础上，统筹建立了清洁生产专项资金支持渠道。

(3) 探索新领域阶段（2010年至今）

在此期间，根据产业结构特点，北京市启动服务业清洁生产审核试点工作，2012年北京市获得国家发展改革委、财政部批准，成为全国唯一一个服务业清洁生产试点城市，并选择医疗机构、住宿餐饮、商业零售等10个重点领域推行清洁生产。2014年，北京市在农业领域启动清洁生产，在种植、养殖和水产方面推行清洁生产，并推进示范项目。至此，北京市清洁生产工作对第一、第二、第三产业实现了全覆盖，成为推动产业优化升级、转变经济增长方式的有力政策工具。

近年来，北京市与清洁生产相关的政策要求如表1-1所列。

表1-1 北京市与清洁生产相关的政策要求

政策名称	颁布时间	清洁生产相关要求
《北京市"十三五"时期环境保护和生态建设规划》	2016年12月	(1)石化、汽车制造、机械电子等重点行业，开展强制性清洁生产审核，鼓励开展自愿性清洁生产审核； (2)到2020年，完成400家以上企业的清洁生产审核，其中强制性审核150家，实现节能降耗减排的全过程管理
《北京市"十三五"时期节能降耗及应对气候变化规划》	2016年8月	(1)通过政府购买服务方式，开展能源审计、清洁生产审核、碳核查等工作，促进了节能低碳服务业发展； (2)全面推行清洁生产，完成规模以上工业企业清洁生产审核，扩大服务业清洁生产范围，积极探索大型公共建筑、公共机构和农业领域清洁生产，健全重点行业领域节能、降耗、减污、增效的长效机制。加强清洁生产工作统筹管理和协调推进，修订完善促进清洁生产的有关政策； (3)支持中央在京单位开展节能低碳技术改造，实施清洁生产项目
《北京市国民经济和社会发展第十三个五年规划纲要》	2016年3月	(1)深入开展石化、喷涂、汽车修理、印刷等重点行业挥发性有机物治理，实施规模以上工业企业和大型服务企业清洁生产审核。开展餐饮油烟等低矮面源污染专项治理； (2)大力推行绿色设计和清洁生产，限制产品过度包装，减少生产、运输、消费全过程废弃物产生
《〈中国制造2025〉北京行动纲要》	2015年12月	加大推行清洁生产力度，制定重点产业技术改造指南，组织一批能效提升、清洁生产、资源循环利用等技术改造项目，推动企业向智能化、绿色化、高端化方向发展
《北京市清洁生产管理办法》	2013年11月	明确清洁生产主管部门、工作主要环节、管理要求及资金支持办法

参考文献

[1] 周长波，李梓，刘菁钧，等．我国清洁生产发展现状、问题及对策[J]．环境保护，2016，(10)：27-32.

[2] 孙晓峰,李键,李晓鹏．中国清洁生产现状及发展趋势探析[J]．环境科学与管理，2010，(11)：185-188.

[3] 徐广英,张萍．清洁生产与可持续发展的必要性分析[J]．中国资源综合利用，2016，(3)：44-46.

[4] 李波,邱燕．清洁生产与循环经济的关系分析[J]．低碳世界，2016，(21)：11-12.

第2章 服务业清洁生产现状及发展趋势

2.1 服务业清洁生产的意义和目的

服务业在我国国民经济核算工作中视同为第三产业，其定义为除农业、工业之外的其他所有产业部门，包括批发和零售业，交通运输、仓储及邮政业，住宿餐饮业，信息传输、软件和信息技术服务业，金融业，房地产业，租赁和商务服务业，科学研究和技术服务业，水利、环境和公共设施管理业，居民服务、修理和其他服务业，教育，卫生和社会工作，文化体育和娱乐业，公共管理、社会保障和社会组织。

近年来，随着我国城市经济的快速发展和人口的日益增长，服务业在国内生产总值中所占比值逐年增大。2015 年，我国全年国内生产总值为 676708 亿元，比上年增长 6.9%。其中，第一产业增加值 60863 亿元，增长 3.9%；第二产业增加值 274278 亿元，增长 6.0%；第三产业增加值 341567 亿元，增长 8.3%。第一产业增加值占国内生产总值的比重为 9.0%，第二产业增加值比重为 40.5%，第三产业增加值比重为 50.5%，首次突破 50%。2011—2015 年三个产业增加值占国内生产总值比重如图 2-1 所示。

随着产业结构调整，一些城市服务业得以快速发展，部分城市服务业（第三产业）在地区生产总值中所占比例如表 2-1 所列。

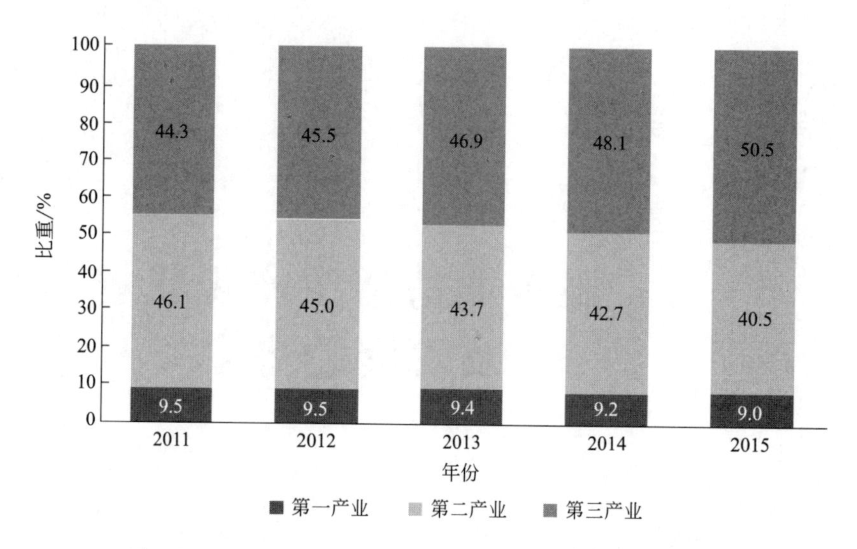

图 2-1　2011—2015 年三个产业增加值占国内生产总值比重

表 2-1　部分城市服务业（第三产业）在地区生产总值中所占比例　单位：%

序号	城市名称	1995 年	2015 年
1	北京	52.50	79.80
2	上海	40.80	67.80
3	广州	47.60	66.77
4	西安	49.40	58.90
5	深圳	49.00	58.80
6	杭州	38.10	58.20
7	南京	41.90	57.30
8	济南	37.90	57.20
9	厦门	40.20	55.80
10	青岛	35.00	52.80

以北京为例，改革开放以来，北京的城市发展战略发生了根本的转变。城市经济内涵由单纯以工业为主导的经济形态逐渐向服务业倾斜。据统计，北京市第三产业比重由 1995 年的 52.50%上升到了 2015 年的 79.80%，领先全国平均水平 30 个百分点。根据《北京市国民经济和社会发展第十三个五年规划纲要》，到 2020 年，服务业比重将提高至 80%左右。北京市的产业结构已完成从“工业主导”向“第三产业主导”的过渡。服务业逐渐成为

推动首都经济平稳、快速、高辐射发展的主要行业，成为推动首都经济增长的主要驱动力。北京市第三产业增加值占地区生产总值的比例如图 2-2 所示。

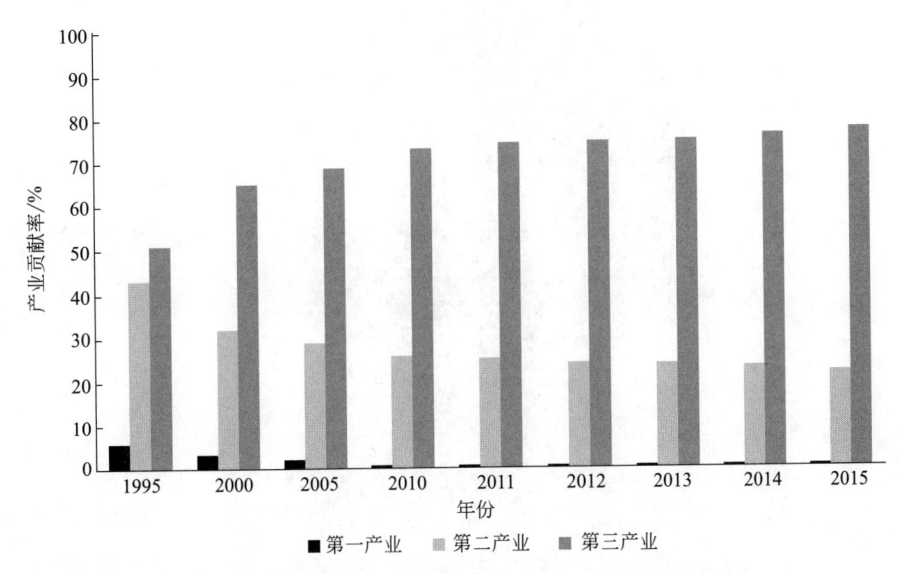

图 2-2　北京市第三产业增加值占地区生产总值的比例

与此同时，第三产业的发展带动了资源能源消费量的持续增长。服务业的能耗、水耗、污染物排放呈现出较快增长态势，对经济增长的瓶颈效应日益凸显。

以北京为例，“十二五”以来，服务业能源消费量继续保持较快增长，2015 年，全市能源消费量（按标准煤计）为 6850.7 万吨，第三产业能源消费量（按标准煤计）达到 3312.6 万吨，占全市能源消费比重达到 48%。2015 年北京市能耗比例如图 2-3 所示。

2015 年北京市全年总用水量 38.2 亿立方米，比上年增加 1.89%。其中，生活用水 17.47 亿立方米，增长 2.90%；生态环境补水 10.43 亿立方米，增长 43.86%；工业用水 3.85 亿立方米，下降 24.37%；农业用水 6.45 亿立方米，下降 21.08%。2015 年北京市总用水量比例如图 2-4 所示。

从地表水水质情况来看，北京市水资源短缺和城市下游河道水污染严重的局面未根本改变。全年共监测五大水系有水河流 94 条段，长 2274.6 公里，其中，Ⅱ类、Ⅲ类水质河长占监测总长度的 46.9%；Ⅳ类、Ⅴ类水质河长占监测总长度的 7.3%；劣Ⅴ类水质河长占监测总长度的 45.8%。主要

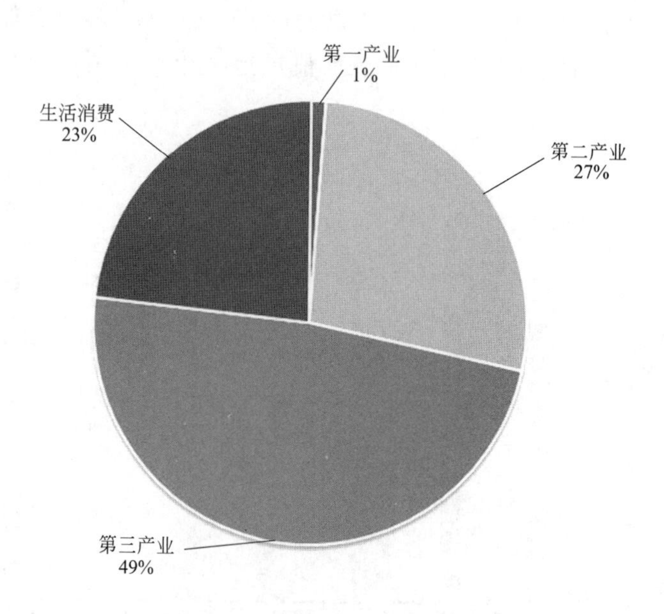

图 2-3 2015 年北京市能耗比例

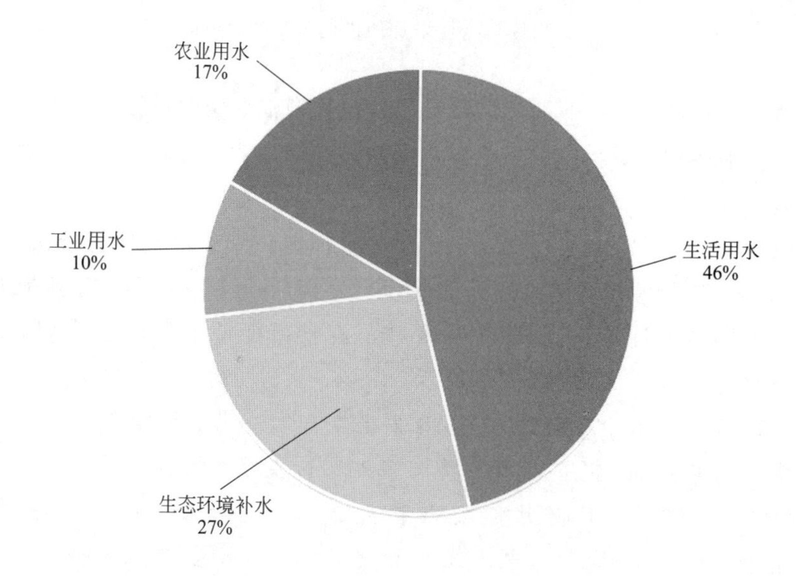

图 2-4 2015 年北京市总用水量比例

监测指标为生化需氧量、化学需氧量和氨氮等，污染类型属有机污染型。北京市五大水系水质类别长度百分比统计如图 2-5 所示。

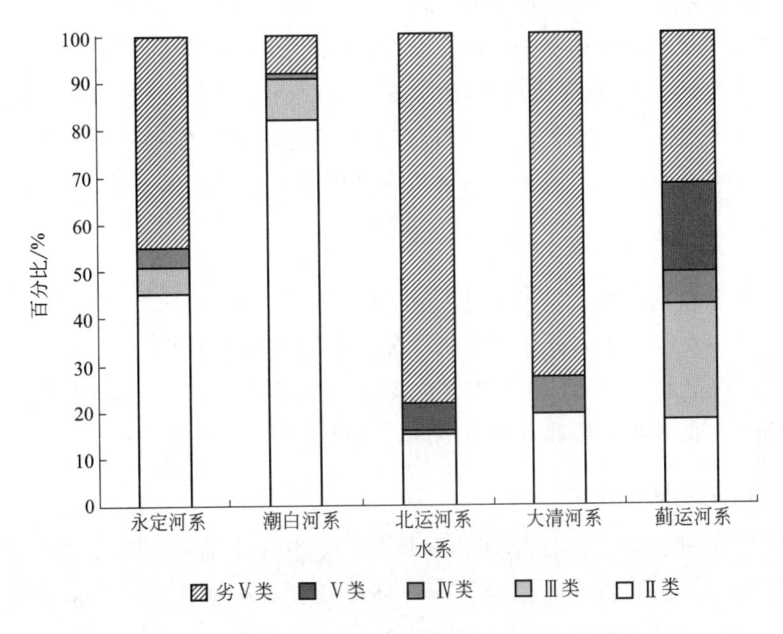

图 2-5　北京市五大水系水质类别长度百分比统计

据统计，2015 年北京市城镇生活污水（含服务业）化学需氧量排放量 79396 吨，占排放总量（161536 吨）的 49.2%；城镇生活污水氨氮排放量 11564 吨，占排放总量（16491 吨）的 70.1%。服务业是有机污染型废水的主要来源。随着产业结构的优化，北京市工业和农业节水和废水减排空间有限，因此推行服务业清洁生产、挖掘服务业节水潜力，对于建立节水型社会、减少废水有机污染物排放、改善地表水水质至关重要。

服务业的环境污染问题，如果不从现在开始着手加以解决，将成为继农业和工业环境污染之后的又一生态危害途径，并且会成为制约现代服务业乃至整个国民经济可持续发展的重要因素。清洁生产在作为污染预防与治理有力抓手的同时，还对北京实现经济增长方式的转变、建设资源节约型和环境友好型城市起着重要的推动作用。

2.2　服务业清洁生产现状

北京市于 2007 年起逐步在服务业探索推行清洁生产，已在交通运输、医疗机构、高等院校、住宿餐饮、商业零售等多个领域开展具体实践，积累了一定经验，取得了一定的成效。2012 年 10 月，国家发展改革委、财政部正式批复北京市为全国唯一的服务业清洁生产试点城市。同年，《北京市服务业清洁生产试点城市建设实施方案（2012—2015 年）》获得批复同意。2013 年 4 月 17 日，北京市组织召开节能降耗及应对气候变化电视电话会议，正式启动并部署了服务业清洁生产试点城市建设工作。

（1）完善政策法规标准

北京市颁布实施了《清洁生产评价指标体系 交通运输业》（DB11/T 1263—2015）等十个服务业清洁生产标准，用于指导相关行业、企事业单位推行清洁生产，评价清洁生产水平。制定《北京市清洁生产管理办法》，鼓励服务业、企事业单位推行清洁生产，实施清洁生产技术改造。

（2）开展清洁生产审核

选择交通运输、住宿餐饮、医疗机构、洗衣、商务楼宇、高等院校、商业零售、沐浴、汽车维修及拆解、环境及公共设施管理十个领域为试点行业，采取自愿审核的方式，开展了数百家服务业企、事业单位清洁生产审核。

（3）实施清洁生产项目

在十个服务业试点领域中，重点支持了余热回收、电机变频改造、厨余垃圾资源化利用、洗衣龙、中水回用等清洁生产技术改造项目，建立了清洁生产示范项目，并逐步在相关行业推行清洁生产经验。

如今，北京市服务业清洁生产工作稳步推进，但其中仍存在一些问题没有解决。为持续在服务业中推行清洁生产，不仅需要国家政策导向和资金扶持，还需要企业和公众自觉参与进来，为北京市服务业的绿色发展做出贡献。

2.3 服务业清洁生产前景

服务业清洁生产是发展循环经济、推动绿色发展和建设“两型社会”的重要手段。服务业的飞速发展带来了经济的增长和就业人口增加，同时也加大了能源消耗和生态环境问题。因此，服务业持续有效开展清洁生产势在必行。

未来，国家对服务业的发展将更加注重结构、质量和效益的有机协调。

通过在全国推行服务业清洁生产工作，完善高能耗、高污染服务业行业和企业合理有序退出机制，建立服务业清洁发展模式。服务业清洁生产技术和管理需求的增加，也将积极促进节能环保、新材料、新能源等战略性新兴产业的发展，加快向服务经济为主导、创新经济为特征的经济形态转变，推动经济和社会环境的同步提升。

目前，北京市已在全市范围内建立服务业清洁生产试点单位，并在不断的探索中总结经验。通过努力，北京市基本成为以物质高效循环利用为核心、全社会共同参与的服务业清洁生产发展示范区，形成了可向全国示范推广的服务业清洁生产促进体系；同时，为了更好地推进北京市服务业清洁生产试点城市的建设工作，北京还将加大资金投入，发挥财政资金引导作用，强化企事业单位的清洁生产主体作用，支持企事业单位加大绿色投入。

参考文献

[1] 彭水军，曹毅，张文城．国外有关服务业发展的资源环境效应研究述评[J]．社会科学，2015，(6)：25-33.

[2] 李冰．探索服务业清洁生产模式[J]．节能与环保，2017，(7)：44.

[3] 汪琴．北京市第三产业清洁生产的必要性、现状和对策建议[J]．北京化工大学学报（社会科学版），2010，(1)：32-36，43.

[4] 中华人民共和国国家统计局．中国统计年鉴（2016）[M]．北京：中国统计出版社，2016.

[5] 北京市统计局，国家统计局北京调查总队．北京统计年鉴（2016）[M]．北京：中国统计出版社，2016.

第3章 交通运输行业概况及特点

3.1 交通运输行业概况

3.1.1 全国交通运输概况

交通运输行业指国民经济中专门从事运送货物和旅客的社会生产部门，包括铁路、公路、水运、航空等运输部门。

截至2015年，全国铁路机车拥有量为2.1万辆，比上年减少69辆，其中内燃机车占43.2%，比上年下降1.8个百分点，电力机车占56.8%，比上年提高1.8个百分点。全国铁路客车拥有量为6.5万辆，比上年增加0.4万辆；动车为1883组、17648辆，比上年增加479组、3952辆。全国铁路货车拥有量为72.3万辆。

2015年末全国拥有公路营运汽车1473.12万辆，比上年末减少4.2%。拥有载客汽车83.93万辆、2148.58万客位，比上年末分别减少0.8%和1.9%。其中，大型客车30.49万辆、1324.31万客位，分别减少0.6%和0.1%。拥有载货汽车1389.19万辆、10366.50万吨位，比上年末分别减少4.4%和增长0.7%。其中普通货车1011.87万辆、4982.50万吨位，分别减少7.3%和4.9%；专用货车48.40万辆、503.09万吨位，分别增长6.2%和2.5%。

2015年末全国拥有水上运输船舶16.59万艘，比上年末减少3.5%；净载重量27244.29万吨，增长5.7%；平均净载重量1642.16吨/艘，增长9.5%；载客量101.73万客位，减少1.5%；集装箱箱位260.40万TEU（TEU即传输扩展单元），增长12.3%；船舶功率7259.68万千瓦，增长2.8%。

截至2015年，我国民航全行业运输飞机期末在册2650架，开通定期航班航线3326条，其中国内航线2666条；按不重复距离计算，定期航班里程总数531.7万公里，其中国内航线292.3万公里；国内通航城市204个；国际通航55个国家的137个城市。2011—2015年，我国民航业运输规模实现快速增长，运输总周转量由2011年的577.4公里上升至2015年的851.65公里，年均复合增长10.20%。目前我国民航业在旅客周转量、货邮周转量、运输总周转量等指标方面，均稳居世界第二位，仅次于美国。

3.1.2　北京交通运输概况

近年来，北京经济建设和对外贸易的快速发展不断推动交通运输行业的快速发展。根据北京市统计局公布的数据，2015年北京共完成道路货物运输总量25734.9万吨，同比下降3.6%。2015年道路货物运输周转量为4506385.1万吨公里，同比下降10.8%。截至2015年，北京市公共交通日客运量从2012年的2067万人次增长到2435万人次，绿色出行比例提升到70.7%。

1）道路基础设施　2015年，全市公路里程21885.0公里，比上年末增加36.2公里；其中，高速公路里程981.9公里，与上年持平。城市道路里程6423.3公里，比上年末减少2.7公里。

2）公共交通　2015年，公共电汽车运营线路876条，比上年年底减少1条，同比下降0.1%；运营线路长度20186公里，同比下降0.3%；运营车辆23287辆，同比下降1.6%；公交专用道里程425.4公里，同比增长7.8%。定制公交方面，截至2015年年底，全市定制公交线路为246条，其中商务班车145条，快速直达专线101条。轨道交通路网运营线路18条，运营车站334座，换乘站53座，运营里程554公里，运营车辆5024辆。

3）城市客运　2015年，全市城市客运共运送乘客84.2亿人次，较去年有明显下降，同比下降9.4%。其中公共电汽车运送乘客40.6亿人次，日均客运量1098万人次，最高日客运量达到1307万人次。轨道交通完成客运量33.2亿人次，日均客运量911万人次，最高日客运量达到1166万人次。郊区客运完成客运量4.5亿人次，出租汽车完成客运量5.9亿人次。

4）货物运输　2015年，全市货物运输总量达25937.5万吨，同比减少16.2％，其中道路营业性货运量19044万吨，同比下降25.1％；铁路货物到发量为2430.2万吨，同比减少25.0％；航空货邮吞吐量达到189.0万吨，同比增长2.3％；口岸监管货运量达到4274.3万吨，同比增长103.4％。

5）机动车发展　2015年北京市加强机动车总量调控措施，新增小客车指标数为15万个，普通车指标由去年的13万个调整为12万个，新能源车指标增加量由去年的2万个调整为3万个，年底全市机动车保有量达到561.9万辆，较上年净增0.5％，其中新能源车保有量27875辆，较上年增长238.6％。公交、出租等行业新能源和清洁能源车辆规模达1.98万辆。公交行业更新车辆的70％以上都是新能源车和清洁能源车，组建了50086辆车组成的绿色车队，发放纯电动租赁小客车指标2250个，示范纯电动物流车500辆，新增区域电动出租车450辆。

6）公共自行车建设规模扩大　市民短距离出行更多转向自行车出行方式，2015年全市公共自行车服务系统建设新增1万辆，总量达到5万辆，服务站点1730个，全市办卡总量达到40多万张，平均日周转率为5次/车，同比增长56.3％。

如今，随着科技的发展和人们生活模式的改变，近几年来，北京在交通运输服务方面出现了众多新业态。

1）物流业　除了传统的邮政物流系统，随着电子商务的不断发展，许多新兴的物流业发展迅猛，如快递业、送餐业等。快递业，是指承运方通过铁路、公路、航空等交通方式，运用专用工具、设备和应用软件系统，对国内、国际及港澳台地区的快件揽收、分拣、封发、转运、投送、信息录入、查询、市场开发、疑难快件进行处理，以较快的速度将特定的物品运达指定地点或目标客户手中的物流活动，是物流的重要组成部分。送餐业，也就是外卖送餐系统，一般由第三方承担各餐饮企业的送餐工作。国内知名移动大数据监测平台Trustdata发布的《2017年上半年中国外卖行业发展分析报告》中指出，2017年上半年，外卖交易额近千亿元人民币。

2）共享车辆　包括共享单车、共享电动单车、共享汽车等。基于“共享经济”概念，交通运输行业中近年来共享车辆的发展突飞猛进。就共享单车来说，目前北京市域内约有 235 万辆共享自行车，有 15 家共享自行车企业。据交通运输部不完全统计，截至 2017 年 7 月，全国有近 70 家互联网租赁自行车运营企业，累计投放车辆超过 1600 万辆，注册人数超过 1.3 亿人次。

3）机动车租赁　2015 年，北京市汽车租赁行业备案企业 609 家，备案车辆 55000 辆，行业租赁率 79%。

4）新型出租车　随着互联网的飞速发展，网约出租车、“专车”“快车”“顺风车”等新的交通模式不断涌现，传统出租车行业客运量明显下降。

北京运输业指标见表 3-1 和图 3-1。

表 3-1　北京运输业指标

项　目	计量单位	2010 年	2011 年	2012 年	2013 年	2014 年	2015 年
旅客运输总量	万人	139107.02	143235.5	149035.6	151361.1	71745	69923.1
公路	万人	125083	127381	132333	132785.6	52354.1	49931.2
铁路(旅客发送量)	万人	8903.3	9754.5	10314.5	11587.5	12609.1	12820.5
航空	万人	5120.72	6100	6388.1	6988	6781.8	7171.4
旅客周转总量	万人公里	13268829.67	15274612.8	15952199.5	17207000.7	16026871.2	17474847.5
公路	万人公里	2870519	3026745	3047757.3	2990627.2	1382967.4	1301209.6
铁路	万人公里	995507.2	1086609.1	1163832.6	1179555.1	1356313.4	1493106.1
航空	万人公里	9402803.47	11161258.7	11740609.7	13036818.4	13287590.4	14680531.8
货物运输总量	万吨	21876.45	22115.5	26291.3	27103.7	26692.6	25734.9
公路	万吨	20184	20604	24925	25889.6	25416	24573
铁路(货物发送量)	万吨	1571.6	1379.9	1232.2	1078.4	1132.2	1003.7
航空	万吨	120.85	131.6	134.1	135.7	144.4	158.2
货物周转总量	万吨公里	4054818.85	4623279.9	4963395.2	5191832.4	5049252	4506385.1
公路	万吨公里	1015944	1035560	1397736	1467947	1651938	1622025
铁路	万吨公里	2574566.7	3113202.9	3076142.8	3231824.4	2843623.4	2247537.8
航空	万吨公里	464308.15	474517	489516.4	492061	553690.6	636822.3

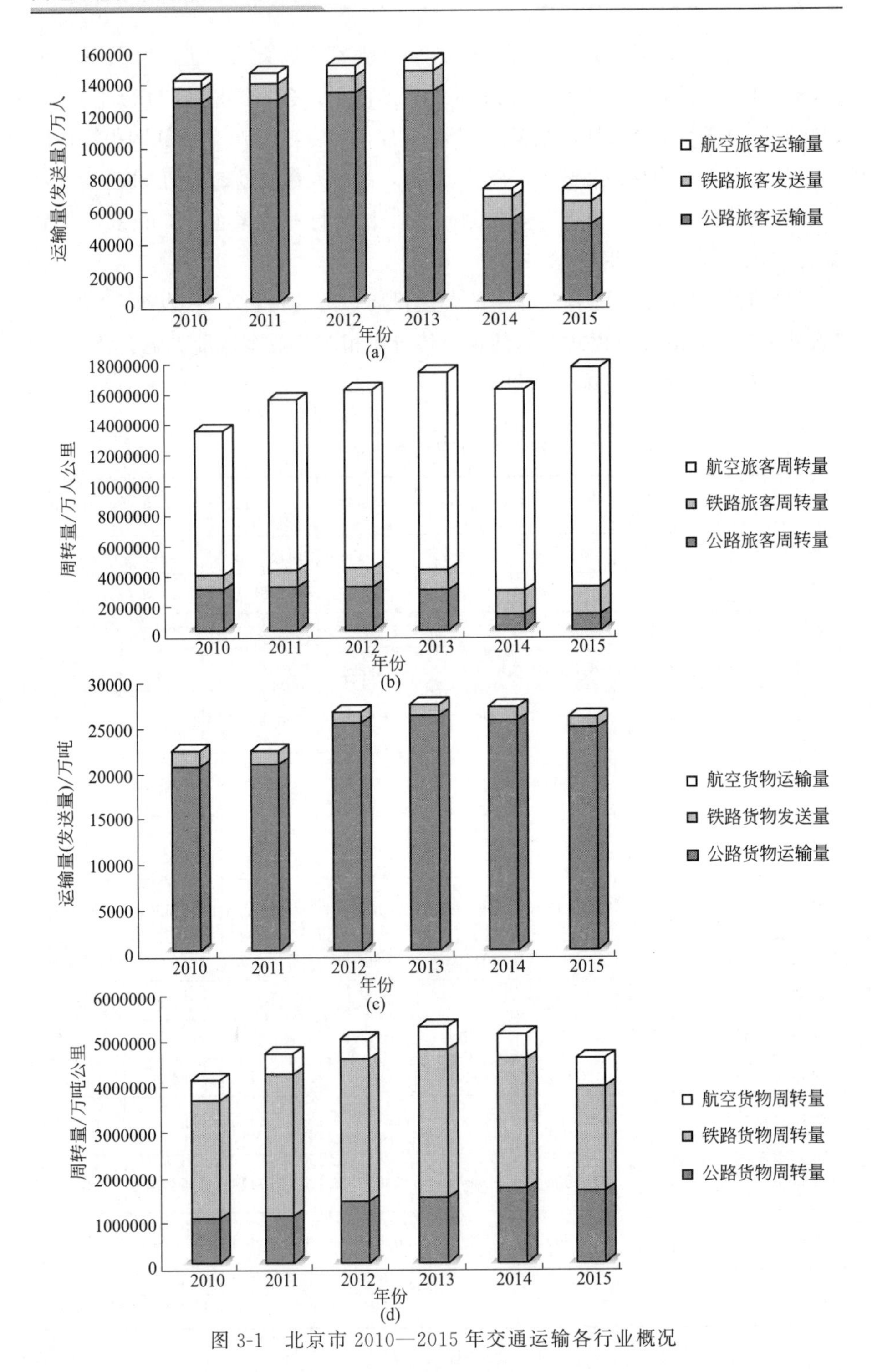

图 3-1　北京市 2010—2015 年交通运输各行业概况

近几年，北京市城市交通问题越来越突出，行车难、停车难、交通堵塞、城市生态环境恶化、大气环境污染日益严重，城市交通污染已成为当今难以解决的顽症。“绿色交通”“绿色运输”越来越成为解决城市交通问题的关键。一般说来，“绿色交通”是为了缓解交通拥挤、降低污染、节省建设维护费用而发展低污染、有利于城市环境的多元化城市交通运输系统。这种理念是三个方面的完整统一结合，即通达、有序；安全、舒适；低能耗、低污染。而本书所提倡的交通运输行业的清洁生产也是指通过清洁生产的方式，达到行业的节能、降耗、减污和增效。

结合北京市实际情况，依据北京市城市交通管理体系，北京市交通运输行业开展清洁生产工作的领域主要包括公共电汽车客运业、城市轨道交通业、出租车客运业和道路货物运输业。

3.2　交通运输行业现状和服务流程

3.2.1　公共电汽车客运业现状和服务流程

公共电汽车客运是城市重要的基础设施之一，是城市经济发展和人们生活所必需的公益性事业。随着我国经济建设的快速发展，城市交通供求矛盾日益突出，公共交通所具有的个体交通无法比拟的强大优势也就越来越受到人们的广泛关注。

北京市截至 2015 年年底，城市公交共 3 家企业，拥有公共电汽车客运站 672 个，运营车辆 23287 辆，运营线路 876 条，运营线路长度为 20186 公里，全年运营行驶里程 13.54 亿公里，公交专用道 425.4 公里，年客运量 40.6 亿人次，日均客运量 1098 万人次。郊区客运共 14 家企业，客运站 151 个，运营车辆 3603 辆，运营线路 386 条，运营线路总长度 15148 公里，完成年客运量 44630 万人次。

公共电汽车客运业运输服务流程主要分为出车准备、乘客上车、行车途中、到站停车、乘客下车、到达终点 6 个部分，其中行车途中环节发生售票员对乘客问询目的地事件，乘客需进行购票或 IC 卡购票。

公共电汽车服务流程见图 3-2。

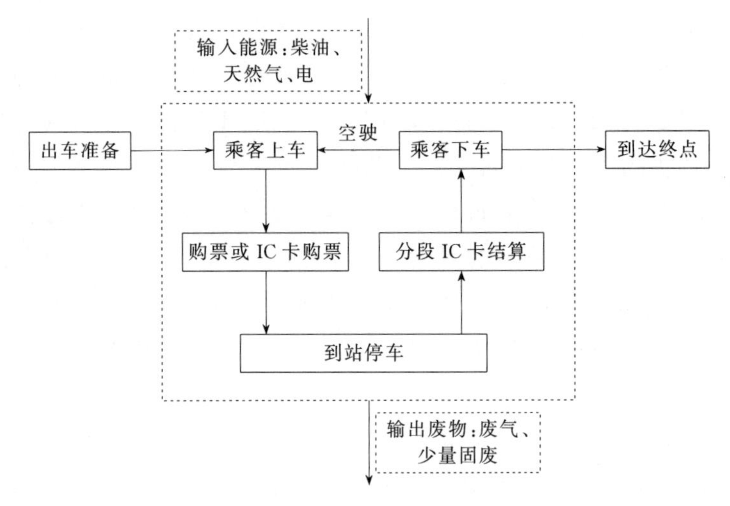

图3-2　公共电汽车服务流程

整个服务中需要注意的事项有：

① 出车前，应检查车辆投币机和IC卡机是否完好，若有异常，及时向车队报告；

② 出车前，清理车辆卫生，驾驶员应对专职保洁人员的保洁质量进行监督，没有达到要求的，应督促其立即整治，驾驶员对驾驶区域、车内地面等处要认真清理，确保干净，脏车不许上路运营；

③ 首站发车前，驾驶员应先于乘客上车，打开车门，迎接乘客上车；

④ 中途进站时，应使用报站器，应将前门对准站牌，严格执行上下车规定，注意观察乘客上下车情况，遇有违规上车的乘客时应及时提示，从规定门上车投币或刷卡，遇有串车进站时要二次进站等；

⑤ 在中途客流大的重点站上下乘客时，驾驶员应离席，面向乘客，监督刷卡和疏导乘客；

⑥ 乘客投币后如有钱币滞留在投币口，驾驶员应及时提示乘客重新投放，除投币机内其他地方不得留存票款，驾驶员不准私自打开投币机，不准从乘客手中直接收钱，不准自备零钱给乘客找钱；

⑦ 乘客上车不刷卡时，应提示乘客投币，防止跑漏票；

⑧ 投币机或IC卡机如有故障，应停止乘客上车，向车内和上车乘客做好宣传解释，沿途不再上乘客，到总站后立即报修，如中途车辆发生故障，驾驶员应将车内乘客倒乘到后车，不再购票；

⑨ 车辆到末站停车下乘客时驾驶员应离席，用报站器提示乘客带好物

品，观察后门，确认安全后关门走车；

⑩ 车辆到站后，驾驶员应对车内进行巡视，检查遗失物或可疑物品，对车内卫生、地面垃圾等进行清理，保持车内干净整洁；

⑪ 车辆在场内停站时，应关好车门，车辆下班后应及时协助有关人员收换钱箱，办理手续，关好门窗后方可离开。

3.2.2 城市轨道交通业现状和服务流程

城市轨道交通作为城市公共交通系统的一个重要组成部分，有“城市交通的主动脉”之称。截至 2015 年年底，北京市轨道交通共有 18 条线，即轨道 1 号线、2 号线、4 号线、5 号线、6 号线、7 号线、8 号线、9 号线、10 号线、13 号线、14 号线（东、西段）、15 号线、机场快线、八通线、亦庄线、房山线、大兴线、昌平线。运营总里程 554 公里，运营车辆 5024 辆，车站 334 座，换乘站 53 座，覆盖 11 个市辖区。全年行驶里程 51117 万车公里，完成客运量 33.2 亿人次，日均客运量 911 万人次，最高日客运量达到 1166 万人次，极大地缓解了地面交通的压力。

轨道运营的主要服务对象为城市轨道交通乘客，主要业务类型为城市轨道交通客运。轨道运营公司的运营组织工作如下。

1）列车运行计划的编制　主要依托于列车运行图来实现。包括列车运行日常计划的编制和节假日、特殊情况下列车运行计划的调整等。

2）列车运行调度工作　由调度中心实施，是轨道系统运行的核心，保证列车运行安全、准点，及时调整与实现各种情况下的乘客运输任务。

3）车站行车组织工作　在中心控制权转移为车站控制时，实现车站所辖范围内的列车进路的办理及信号开放等行车作业。

4）客运计划的编制及实施　包括客流调查工作、票务工作的计划和实行及特殊情况下的客运组织预案的制订和实施等。

5）票务管理工作　售检票作业等票务系统管理。

6）车辆基地行车组织工作　实现车辆基地内的列车进出库、转线作业等。

7）运行安全工作　包括行车安全问题、客运安全问题及自然灾害问题的系统运行安全体制的建设和管理。

3.2.3 出租车客运业现状和服务流程

出租车被称为“城市名片”，为乘客提供个性化的出行服务，在首都经济社会发展中发挥了积极作用。自1996年起，北京市的出租车实行总量控制，总数始终保持在6万多辆，分散在200家左右的出租车公司中。截至2015年，北京市出租车企业户数共计234户，出租车运营车辆为68284辆。根据企业所拥有出租车数量进行排名，前八名分别为银建集团（约11000辆）、新月联合（约8000辆）、北方投资集团（约6500辆）、平谷渔阳集团（约4500辆）、首汽集团（约4000辆）、北汽集团（约3500辆）、祥龙出租（约3000辆）、三元出租（约2500辆）。

随着互联网的飞速发展，网约出租车和“专车”等新的交通模式不断涌现，传统出租车行业受到巨大的冲击，客运量出现明显下降。2015年出租车完成客运量5.88亿人次，同比减少0.81亿人次，同比下降12.1%，客运量与增长率双双降至近10年来最低。

出租车客运服务公司运输服务流程主要分为出车准备、乘客上车、行驶途中、到达下车地点、车费结算、乘客下车、下班整理7个部分，其中乘客上车环节发生驾驶员对乘客问询事件，驾驶员需对道路进行选择。车费结算环节驾驶员需问询乘客选择的结算方式（微信支付、支付宝支付、现金支付）。

驾驶员工作流程如下所述。

驾驶员营运方式分为两种，即单班营运和双班营运。单班营运即一名驾驶员承包一辆出租汽车，驾驶员根据自己时间安排营运时间，每月按照公司规定时间，参加例会教育。双班营运即两名驾驶员承包一辆出租汽车，两名驾驶员根据自己的时间安排营运时间，如一名驾驶员营运12小时后将营运车辆开到约定地点，将车辆交给另一名驾驶员，以此循环；每月按照公司规定时间，参加例会教育。出租车服务流程如图3-3所示。

3.2.4 道路货物运输业现状和服务流程

北京作为国家首都，同时也是我国综合运输体系中重要的航空与陆上交

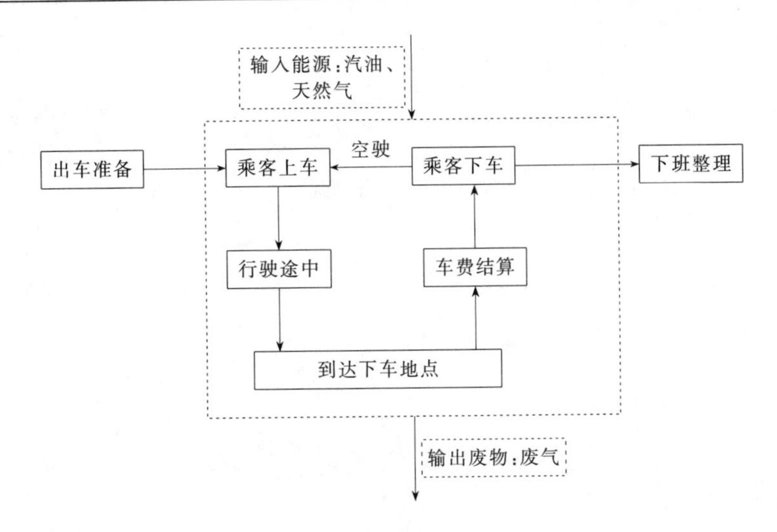

图 3-3 出租车服务流程

通枢纽城市。截至 2015 年年底，全市公路总里程达到 21885.0 公里，其中，高速公路 981.9 公里、一级公路 1393.2 公里、二级公路 3360.8 公里、三级公路 4020.7 公里、四级公路 12128.4 公里。全市公路二级及以上公路里程比例达到 26.2%，公路密度达到 1.3336 公里/平方公里。截至 2015 年年底，北京市城区道路总里程为 6423.3 公里，其中，城市快速路 23 条，共 383.2 公里，城市主干路 969.3 公里，城市次干路 616.3 公里，城市支路及以下路 4454.5 公里，道路总面积达 10028.9 万平方米；郊区县境内公路 21462.22 公里，比上年增长了 0.09%，远郊区县公路密度为 1.4972 公里/平方公里，按常住人口算公路密度为 24.2 公里/万人。

优越的区位条件和发达的交通运输体系使北京成为全国的货物集散中心。截至 2015 年年底，全市共有道路货运营运业户 5.4 万户，营运货车 18.5 万辆。全市道路营业性货运场站数量为 11 个，完成道路货运量 19044 万吨，同比下降 25.1%，货物周转量为 156.4 亿吨公里，同比下降 5.3%，但是平均运距出现大幅增加，为 82.1 公里，同比增加 26.3%。

货运公司运输服务流程主要分为客户报单、车辆测算、车辆调度、货物装载、货物交接、运输、到货签收、单据回馈 8 个部分，其中，运输过程为燃油消耗重点环节，货物装载过程中，叉车等搬运设备需消耗部分能源。货运服务流程如图 3-4 所示。

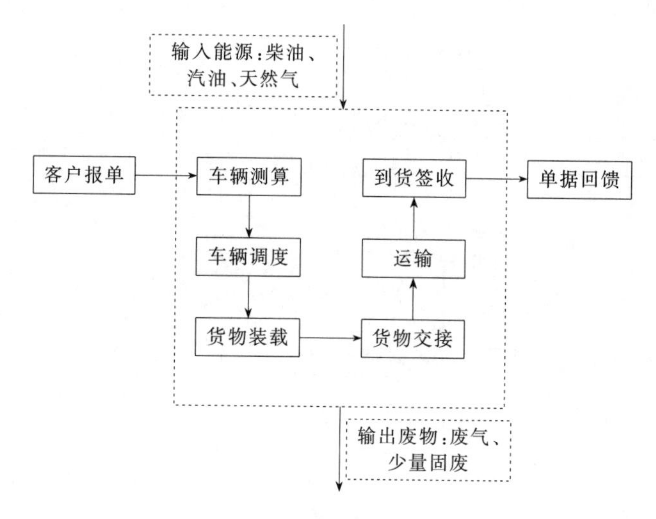

图 3-4　货运服务流程

3.3　交通运输行业特征

3.3.1　交通运输行业能源利用情况

交通运输行业作为连接民众生活和经济发展的重要枢纽，是物流功能的重要组成部分，也是我国能源消耗大户之一。就我国近几年能源消耗统计数据看，我国交通运输能源消耗量呈明显上升趋势，在能耗总量中，交通运输行业所占比重从 2002 年的 7.48%增长到 2010 年的 8.02%，首次突破 8 个百分点，能源需求量不断攀升。随着节能降耗指标分解到各行业，作为能源消耗大户之一的交通运输行业，实施节能运作刻不容缓。北京市开展交通运输行业节能降耗，不仅助力了北京市的环保工作，也为全国的交通运输行业起到示范带头作用。

交通运输部发布的《交通运输节能环保“十三五”发展规划》明确提出，“十三五”时期是我国交通运输行业转型升级、提质增效的关键时期，面对日益趋紧的资源环境约束，交通运输发展必须依靠结构调整、技术进步和制度创新，不断提升节能环保工作的科学性和系统性，全面落实绿色发展理念。

因此，从宏观分析交通运输能源消耗的现状，从微观掌握交通运输能源消耗的特点，为提高能源利用效率、解决交通能耗问题提供了科学的、可操作性的对策。

近年来，北京市交通运输及仓储业能源消耗呈逐年上升态势，主要能源种类有汽油、柴油、电力、天然气、热力等。2015 年，能源消耗（按标准煤计）达 1249.4 万吨，占北京市能源消耗总量的 18.23%，比 2007 年 (15.71%) 增长了 2.52 个百分点。

2008—2015 年北京市交通运输仓储业能源消耗及占比情况见表 3-2 和图 3-5。

表 3-2 2008—2015 年北京市交通运输仓储业能源消耗（按标准煤计）及占比情况

项目	2008 年	2009 年	2010 年	2011 年	2012 年	2013 年	2014 年	2015 年
能源消耗总量/万吨	6327.1	6570.3	6359.5	6397.3	6564.1	6723.9	6831.2	6852.6
交通运输、仓储和邮政业能源消耗量/万吨	993.9	1025.2	1104.8	1185.9	1235.1	1145.5	1204.2	1249.4
所占比例/%	15.71	15.60	17.37	18.54	18.82	17.04	17.63	18.23

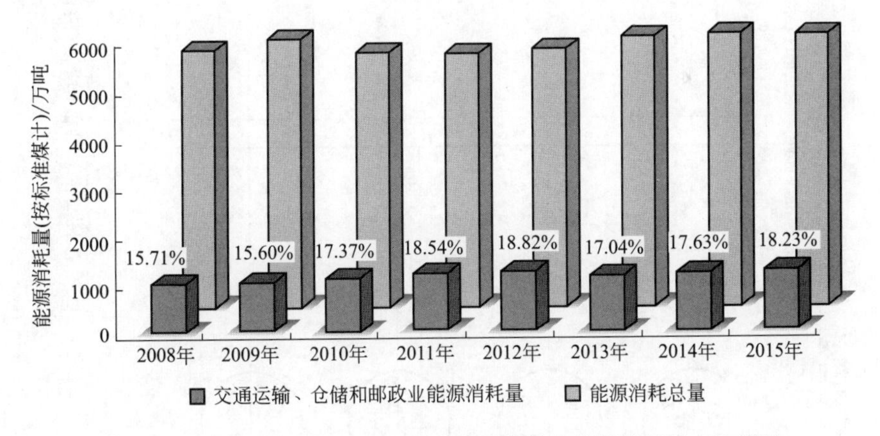

图 3-5 2008—2015 年北京市交通运输仓储业能源消耗及占比情况

交通运输行业能源消耗主要体现在交通工具运营过程中产生的能耗和企业办公场所、各场站的办公能耗（如照明、空调、电梯等）。主要包括交通工具运营过程中的燃油消耗、燃气消耗及电力消耗，还有基建设施用能及办公区的用电、采暖消耗等。

下面以城市公共交通业中的出租车客运为例说明其能源平衡，如图 3-6 所示。

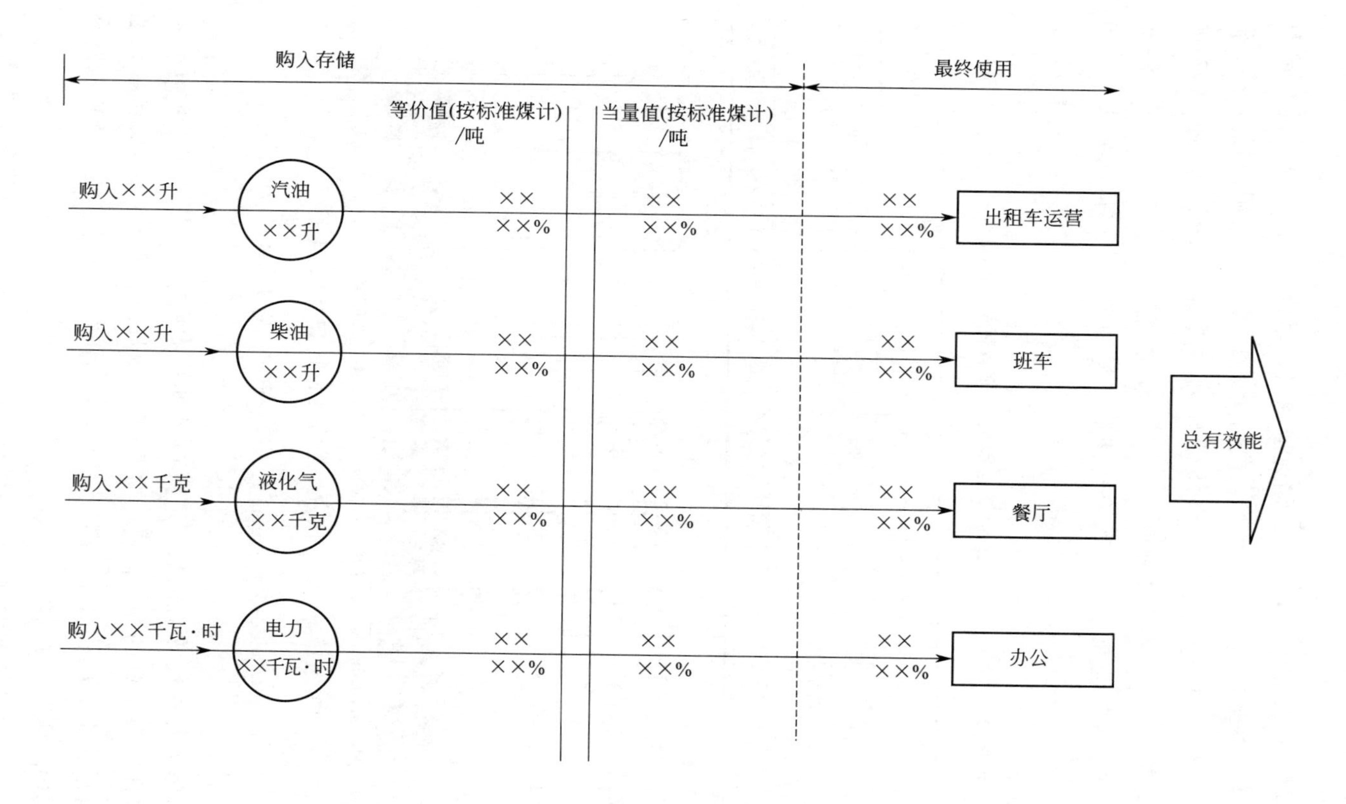

图 3-6 出租车客运能源平衡流向示意

3.3.2 交通运输行业环境保护情况

交通运输行业消耗大量能源，同时也在建设、运营过程中对环境产生一定影响。交通运输基础设施的建设会对区域的水土、植被、动物生存环境及人们的居住、生活环境与人文景观带来影响，施工、运输过程更会污染大气、水质，带来噪声，而交通工具运营过程中排放的尾气已成为城市大气污染的最主要因素，见表 3-3。

交通运输行业排放的污染物主要包括废气、废水、固体废物以及噪声。

表 3-3　交通运输行业的主要污染物及其来源

污染物	污染物的来源
废气	目前交通运输行业对城市空气污染的贡献率已升至第一位。主要来源于交通工具排放的尾气（一氧化碳、烃类化合物和氮氧化物、PM 微粒、碳烟等有害气体）以及锅炉供暖产生的废气等方面
废水	主要来源于清洗车辆的污水、生活用水等
固体废物	主要是废零件、废电瓶、废机油桶以及废包装物等
噪声	各种交通工具噪声等

3.3.2.1 大气污染

目前，随着交通运输行业的快速发展，汽车尾气已成为城市大气污染的主要污染源。以北京市 $PM_{2.5}$ 为例，在本地来源中，机动车排放占 31.1%，燃煤占 22.4%，工业生产占 18.1%，如图 3-7 所示。

严格控制汽车尾气排放是加强交通运输行业环境保护的重要途径之一，图 3-8 和图 3-9 显示了我国汽车尾气排放控制进程，表明我国对汽车污染物排放量的控制力度不断增大。

3.3.2.2 水质污染

一方面，运输基础设施建设影响地表水和地下水的水流和水质，有时会导致水土流失、淤泥的增加或地下水的枯竭，从而影响排水系统的形式和地下水的分布；另一方面，运输产生的粒子排放物及其他排放物会污染水源，也会通过排水系统导致土壤的酸化以及其他形式的土壤污染。

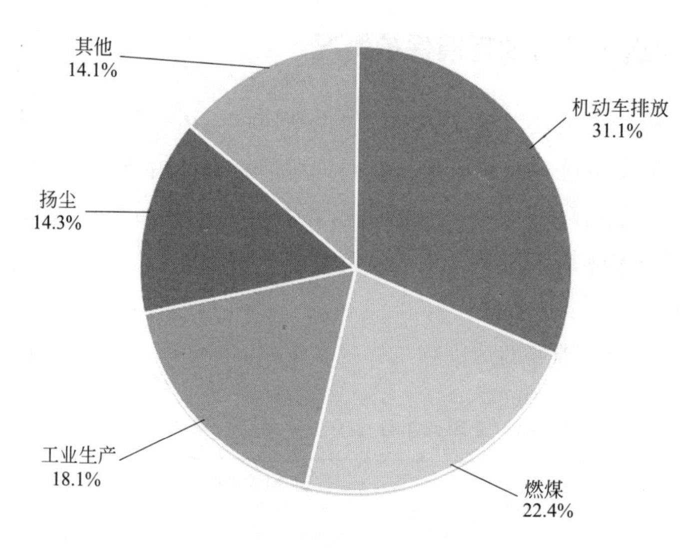

图 3-7　北京市 $PM_{2.5}$ 来源（北京市环保局数据）

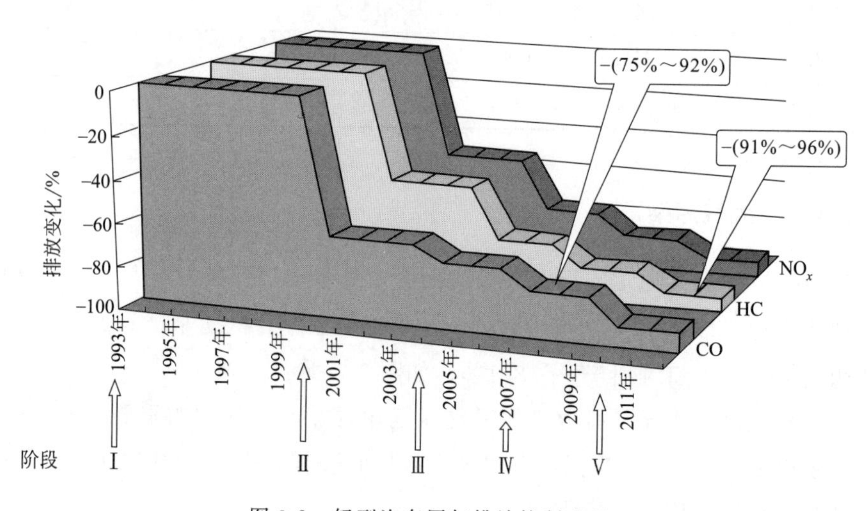

图 3-8　轻型汽车尾气排放控制进程

3.3.2.3　噪声污染

交通运输行业的噪声污染主要来自于大型交通工具的运行过程。噪声使睡眠质量下降，这会引起身体和精神上的失调、疲惫和压力，引起血压升高和心血管疾病，干扰人际交流一类的活动（如教育、一般的交谈、电视广播等）。

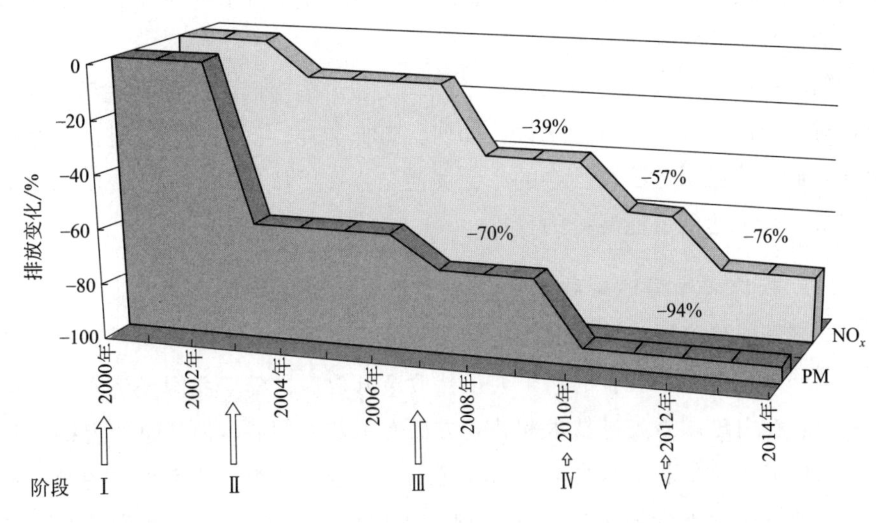

图 3-9 重型汽车尾气排放控制进程

3.3.2.4 生态影响

交通运输行业的设施建设还会导致土壤侵蚀，影响生态平衡。道路挖掘时产生的废弃材料可能会毁坏自然生长的植被，加重侵袭并破坏边坡的稳定性，交通运输车辆经过各类自然保护区等生态敏感地区，交通拥堵以及各类突发交通事故等造成人员伤亡、经济财产损失、时间浪费等，不仅损坏了自然生态系统，而且给人文环境带来了混乱和伤害。

3.4 交通运输行业存在问题分析

(1) 部分交通运输行业企业粗放式的能源使用模式不符合低碳发展的要求

根据国际能源署的数据，全球范围内交通运输行业是仅次于电力行业的第二大碳排放行业，其碳排放量占总量的 21%。因此，交通运输行业是降低碳排放量的重要领域。现在，我国的低碳运输系统发展得还不够成熟。根据相关统计数据，2007 年我国交通运输行业的二氧化碳排放量约为 4.36 亿吨，预计到 2030 年将达到 11.08 亿吨。部分公路交通运输企业在源头上没有考虑资源的节约和利用效率，在输入端不进行减量化，还沿用之前传统的粗放式的发展思路，造成资源和能源的浪费，其发展模式是不符合低碳经济要求的，也是不可持续的。

随着我国国民经济的持续快速增长，交通运输与国民经济的关系逐渐加强，对于公路交通运输行业来说，如何构筑低能耗、低污染、低排放的绿色低碳运输系统已引起了全社会的广泛关注。企业要从根本上实现资源能源节约利用，真正达到节能减排的目标。

（2）较低的交通运输技术和装备水平影响着运输效率的提高

我国在发展交通运输技术装备的过程中，走了一条立足本国，同时积极引进国外先进技术和装备的路子，虽然改革开放后，随着我国经济实力的不断增强，在引进国外先进技术和装备方面有了较大发展，但从总体上讲，我国交通运输在技术装备水平上仍与发达国家有较大差距。技术水平的参差不齐和运力结构的不合理，既严重影响了运输效率的提高，又浪费了大量能源，还造成了严重的环境污染。

目前，城市交通运输行业的发展所带来的污染已经严重影响了居民的生存环境。机动车排放的尾气是城市空气污染的主要来源之一，严重危害着城市居民的生产生活环境。城市化的急速发展使得汽车的使用量每年以10%的速度增加，城市中的颗粒物和二氧化硫有相当一部分是由汽车排放的。汽车排污也是城市空气中含铅量增加的一个重要原因。交通管理的落后使交通混乱，车辆平均速度降低，更加重了环境污染。

3.5 交通运输行业清洁生产潜力

交通运输行业的发展对中国社会经济发展具有非常重要的影响。一方面，交通运输行业的快速发展有利于国民经济的持续快速增长；另一方面，交通运输行业的发展会占用大量的资源，排放一定的污染物，造成日趋严重的交通堵塞，对资源供给和生态质量产生不容忽视的负面影响。中国人口众多，资源相对贫乏，发展私人汽车、改善消费结构和保护环境面临着尖锐的矛盾。交通运输行业发展过程中产生的矛盾和问题，已经引起中国政府和社会各界的高度重视。人们重新审视已走过的历程，认识到需合理利用资源，建立新的生产方式和消费方式，清洁生产是交通运输行业可持续发展的必然选择。

随着经济的进一步发展和城市化水平的不断提高，许多国家的交通运输行业企业开始实施清洁生产，在获得更大经济效益的同时也获得了更大的环境效益和社会效益。不断加强环境保护，改善人类生存条件，实现国民经济的可持续发展，已经成为各国经济发展的必然趋势。

清洁生产也是实施“绿色北京行动计划”的一项重要内容和重点措施。强调适时推进服务业清洁生产审核，尤其受到越来越多人的关注。为了保护环境和人类健康，合理利用有限的资源，在大力推进工业与农业清洁生产的基础上必须在第三产业推行清洁生产。

交通运输行业的清洁生产是一种新的理念，它要求交通运输行业将节能减排融入日常经营管理之中，以环境保护为出发点，通过调整交通运输行业的经营理念、管理模式、服务方式来实施清洁生产，提供符合人体安全、健康要求的服务，并引导社会公众的节约和环境意识、改变传统观念、倡导“绿色”出行。它的实质是为大众提供符合环保要求的、高质量的服务，同时在经营过程中节约能源、资源，减少排放，预防环境污染，不断提高服务质量。其核心就是在生产经营过程中加强对环境的保护和资源的合理利用。

总的来说，所谓“绿色交通运输”，可以理解为运用安全、健康、环保理念，坚持绿色管理，倡导绿色出行，以维持生态的平衡性和资源的可持续利用性。从经济利益、环境保护和可持续发展的角度来看，节能降耗是绿色交通运输创建的主流和重点。交通运输行业要进行节能降耗，管理者首先要转变观念，深刻理解绿色的含义，重新认识节能的含义，树立节能意识，并采取具体的技术和管理措施，在运行中建立有效的约束和激励等机制，来确保能源有序、经济、健康的供应。针对浪费现象，引入循环经济“3R”原则（即“减量化、再利用、再循环”原则）和替代原则来控制能源物耗，是资源能源有效利用的关键。

参考文献

[1]　胡红．北京市交通运输业能源消费量发展需求研究[J]．道路交通与安全，2016，16（1）：60-64.

[2]　宋丽君．我国交通运输领域的节能减排[J]．集装箱化，2011，(3)：13-15.

[3]　徐以群，孙兴年．中小城市的城市公共交通工作模式探讨[J]．城市公共交通，2006，(6)：23-26.

第4章 交通运输行业清洁生产审核方法

4.1 清洁生产审核概述

4.1.1 清洁生产审核的概念

《清洁生产审核办法》(国家发展和改革委员会 环境保护部令 第38号)指出：清洁生产审核是指按照一定程序，对生产和服务过程进行调查和诊断，找出能耗高、物耗高、污染重的原因，提出减少有毒有害物料的使用，降低能耗、物耗以及废物产生的方案，进而选定技术、经济及环境可行的清洁生产方案的过程。

清洁生产审核是对审核主体现在的和计划进行的生产和服务过程实行预防污染的分析和评估，是企业实行清洁生产的重要前提。

在实行预防污染分析和评估的过程中，制订并实施减少能源和原辅材料使用，消除或减少生产（服务）过程中有毒物质的使用，减少各种废物排放及其毒性的方案。

通过清洁生产审核，达到：

① 核对有关单元操作、原材料、产品、用水、能源和废物的资料；

② 确定废物的来源、数量以及类型，确定废物削减的目标，制订经济有效的削减废物的对策；

③ 提高审核主体对由削减废物获得效益的认识和知识；

④ 判定审核主体效率低的瓶颈部位和管理不善的地方；

⑤ 提高审核主体经济效益和产品质量。

4.1.2　清洁生产审核原理

清洁生产审核的对象是企事业单位，其目的有两个：一是判定出企事业单位中不符合清洁生产的地方和做法；二是提出方案解决这些问题，从而实现清洁生产。

通过清洁生产审核，对交通运输业企事业单位生产和服务全过程的重点（或优先）环节、工序产生的污染进行定量监测，找出高物耗、高能耗、高污染的原因，然后有的放矢地提出对策、制订方案，减少和防止污染物的产生、降低能源和资源消耗。

清洁生产审核的总体思路可以用一句话来介绍，即判明废弃物的产生部位、分析废弃物的产生原因、提出方案减少或消除废弃物，如图 4-1 所示。

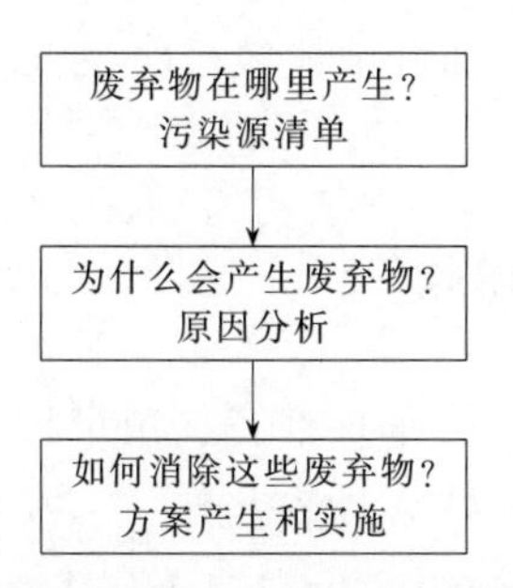

图 4-1　清洁生产审核原理和思路

交通运输业企事业单位对废弃物的产生原因分析要针对八个方面进行。

1）原辅材料和能源　在开展交通运输活动的建设期、运行期及维护期等，企事业单位都需要购买各种材料和能源，如建筑材料，运行耗材，辅助运行设备，汽油、柴油等不同品类能源，这些原辅材料和能源本身对环境的友好程度，是否节能节水，是否产生的污染物少，在一定程度上决定了交通运输服务过程对环境的危害程度，因而选择对环境无害的原辅材料和能源是清洁生产所要考虑的重要方面。

2）服务流程　交通运输行业的废弃物产生基本集中在服务过程中，如车辆行驶中排放的废气、轨道交通运行中产生的废水等。服务过程的清洁生产水平基本上决定了废弃物的产生排放量和循环利用情况。先进且高效的服务流程可以提高能源的利用效率，减少废弃物的产生，是实现清洁生产的一条重要途径。

3）主体建筑与设备　交通运输行业的主体建筑（如轨道站）、各种运输设备、辅助运行设备等作为交通运输行业服务过程的具体体现，承担了主要的服务功能，设施与设备的购置时间、使用年限、适用情况、先进程度、维护保养等情况均会影响到废弃物的产生。

4）过程控制　过程控制对许多服务过程是极为重要的，直接影响到能源的利用效率和废弃物的产生。

5）服务　服务流程的优化能够提高工作效率，降低资源消耗。

6）废弃物　废弃物本身所具有的特性和所处的状态直接关系到它是否可现场再用和循环使用。

7）管理　加强管理是企事业单位发展的永恒主题，任何管理上的松懈均会严重影响到废弃物的产生。

8）人员　交通运输的服务过程，无论自动化程度多高，还是需要人的参与，提高员工及乘客的素质和节能减排的积极性，也是有效控制服务过程和废弃物产生的重要因素。

4.1.3　清洁生产审核程序

清洁生产审核程序应包括审核准备、预审核、审核、方案产生和筛选、方案的确定、方案的实施和持续清洁生产。

① 审核准备阶段应宣传清洁生产理念，成立清洁生产审核小组，制订工作计划。

② 预审核阶段应通过现场调查、数据分析等工作，评估交通运输企业清洁生产水平和潜力，确定审核重点，设置清洁生产目标，实施无/低费清洁生产方案。

③ 审核阶段应通过水平衡、能量平衡等测试工作，系统分析能耗、物耗、废物产生原因，提出并实施无/低费方案。

④ 方案产生和筛选阶段应筛选确定清洁生产方案，核定与汇总已实施无/低费方案的实施效果。

⑤ 方案的确定阶段应按市场调查、技术评估、环境评估、经济评估的顺序对方案进行初步论证，确定最佳可行的推荐方案。

⑥ 方案的实施阶段应通过方案实施达到预期清洁生产目标。

⑦ 持续清洁生产阶段应通过完善清洁生产管理机构和制度，在交通运输企业中建立持续清洁生产机制，达到持续改进的目的。

具体审核流程及各阶段工作内容如表 4-1 所列。

表 4-1　具体审核流程及各阶段工作内容

序号	阶段	工作内容
1	审核准备	(1)取得领导支持； (2)组建审核小组； (3)制订审核工作计划； (4)开展宣传教育
2	预审核	(1)准确评估交通运输企业技术装备水平、产排污现状、资源能源消耗状况和管理水平、绿色消费宣传模式等； (2)发现存在的主要问题及清洁生产潜力和机会，确定审核重点； (3)设置清洁生产审核目标； (4)实施无/低费清洁生产方案
3	审核	(1)收集汇总审核重点的资料； (2)水平衡测试、能量平衡测试； (3)能耗、物耗、废物产生分析； (4)提出并实施无/低费方案
4	方案产生和筛选	(1)筛选确定清洁生产方案，筛选供下一阶段进行可行性分析的中/高费方案； (2)核定与汇总已实施无/低费方案的实施效果
5	方案的确定	(1)对会造成服务规模变化的清洁生产方案，要进行必要的市场调查，以确定合适的技术途径和生产规模； (2)按技术评估→环境评估→经济评估的顺序对方案进行分析，技术评估不可行的方案，不必进行环境评估；环境评估不可行的方案，不必进行经济评估； (3)技术评估应侧重方案的先进性和适用性； (4)环境评估应侧重于方案实施后可能对环境造成的不利影响(如污染物排放量增加、能源资源消耗量增加等)； (5)经济评估应侧重清洁生产经济效益的统计，包括直接效益和间接效益
6	方案的实施	(1)清洁生产方案的实施程序与一般项目的实施程序相同，参照国家、地方或部门的有关规定执行； (2)总结方案实施效果时，应比较方案实施前后，预期和实际取得的效果； (3)总结方案实施对交通运输企业的影响时，应比较实施前后各种有关单耗指标和排放指标的变化
7	持续清洁生产	(1)建立和完善清洁生产组织； (2)建立和完善清洁生产管理制度； (3)制订持续清洁生产计划； (4)编制清洁生产审核报告

4.2 审核准备阶段技术要求

审核准备是企业进行清洁生产审核工作的第一阶段，目的是通过宣传教育，使企业和员工正确认识清洁生产的理念和清洁生产审核的目的、意义，了解清洁生产审核工作的内容、要求及工作步骤和程序，积极参与，为清洁生产审核工作的全面展开奠定坚实的群众基础。本阶段的重点是获得领导支持和鼓励员工积极参与，组建清洁生产审核领导小组和工作小组，制订详细的清洁生产审核计划，宣传清洁生产理念，消除思想上和观念上的障碍，激发自觉开展清洁生产的动力。

主要工作内容如下。

(1) 取得领导支持

利用内部和外部的影响力，及时向企业领导宣传和汇报，宣讲清洁生产审核可能给企业带来的经济效益、环境效益、社会效益、无形资产的提高和推动技术进步等诸多方面的好处，讲解国家和地方清洁生产相关政策法规，介绍国内外其他交通运输企业推行清洁生产工作的成功实例，以取得企业高层领导的支持。

(2) 组建审核小组

根据交通运输企业规模大小，成立清洁生产审核领导小组和工作小组。组长应由总经理直接担任，或由其任命主管能源环保或工程、后勤的副总经理担任。成员要求具备清洁生产审核知识，熟悉交通运输企业的运营、管理、服务和维修等情况，主要由企管部、运营部、技术部、工程、和财务部以及作为审核重点的部门的相关人员组成。

(3) 制订审核工作计划

计划包括工作内容、进度、参与部门、负责人、产出等。

(4) 开展宣传教育

利用企业现行各种例会或专门组织宣传培训班，采取专家讲解、电视录像、知识竞赛、参观学习等方式。由于交通运输行业的大部分员工在交通工具上及站台的时间较长，可对全体员工分批次进行宣传教育，确保司机、乘务员、站台工作人员等都了解清洁生产的理念。由于交通运输企业员工流动率较高，应注重对员工的持续宣传教育工作。主要内容应包括但不限于清洁生产概念、来源、我国清洁生产政策法规、交通运输行业政策和环境保护法规标准、国家和地方节能减排鼓励政策、清洁生产审核程序及方法、典型清洁生产方案、能源环境管理制度建设及执行方式等。

交通运输行业的特点是服务对象广泛，人流量大，关系到每个市民的出行。通过这一公共服务的平台，将节能减排、清洁生产的理念传给出行的每一个人，形成良好的社会效应，也为“低碳社会”起到积极的推动作用。也可以在交通工具上、站台中通过节能宣传画、宣传片、LED 显示屏等，对公众开展宣传教育。

4.3　预审核阶段技术要求

4.3.1　目的及要求

预审核是清洁生产审核的第二阶段，是从交通运输运营服务全过程出发，对企业现状进行调研和考察，摸清污染现状和产污重点、能源消耗重点以及能量损失重点，并通过定性比较和定量分析，确定出审核重点。本阶段工作重点是评价企业的综合能耗、单车百公里能耗、产污排污状况，确定审核范围和审核重点，设置清洁生产目标。

预审核阶段主要目的如下。

① 准确评估交通运输企业技术装备水平、产排污现状、资源能源消耗状况和管理水平、绿色交通宣传模式等；

② 发现存在的主要问题及清洁生产潜力和机会，确定审核重点；

③ 设置清洁生产审核目标；

④ 实施无/低费清洁生产方案。

4.3.2　现状分析

（1）概况

包括企业基本信息和主要经营信息、地理位置、建筑基本信息（如层高、占地面积、建筑面积、空调面积、采暖面积等）、组织机构等情况。

（2）运营状况

说明交通运输企业的主要服务项目（如公共电汽车客运、轨道交通客运、出租车客运、城市道路货运等）、主要运营线路、场站数量、分拨车间及中转场数量（物流类企业）、年运行公里数、客运周转量、主营业务收入等基本情况；分析交通运输行业服务流程；城市道路货运企业应调查其是否有危险货物运送服务，并核实该企业运营服务过程中是否严格执行《公路危险货物运输规则》。

（3）主体建筑和设备状况

公共电汽车客运、轨道交通客运行业说明自有场站基础设施的基本情况（包括场站建设地点、建筑面积、建造年代、供冷方式、主要用能系统、重点用能设备、洗车用水设备等）；出租车客运行业说明办公场所基础设施的基本情况（若有洗车房、修理厂等设施需详细描述其基本情况）；城市道路货运行业说明办公场所基础设施的基本情况（物流行业需同时说明其分拨车间、中转场及库房的基本情况，并说明装卸传输分拣设备情况）。

（4）主要交通设备状况

说明主要交通工具基本信息（如车辆类型、数量、燃料能源类型、运营时间、执行排放标准等）；说明车辆更新及新增情况；说明车辆报废及转出情况。

（5）维修车间状况

说明维修车间基本情况（如设备名称、规格型号、数量、购进或自制时间、安装位置），需对照国家明令淘汰的高耗能机电设备淘汰名录，查看是否有国家明令淘汰的高耗能机电设备；若无自有维修车间，应说明交通工具维修保养管理制度。

（6）资源能源利用情况

统计近三年逐月能源（电力、汽油、柴油、天然气等）消耗量、水资源消耗量，计算每万公里综合能耗、每百公里油耗、万吨公里综合能耗；基础设施单位面积能源消耗量、基础设施人均用水量；分析重点环节能耗、水耗情况；说明地热能、太阳能等可再生能源的使用情况（仅限于北京市所辖区域发生的资源能源消耗）。

（7）环境保护状况

分析近三年废水、废气、固体废物处理处置情况等。应分析废水、固体废物排放总量；说明机动车尾气排放是否符合国家和地方排放标准要求。按照国家机动车排放标准限值（国Ⅲ、国Ⅳ、国Ⅴ等）对企业现有运营车辆进行分类，统计各排放标准车型数量；说明危险废物（如废机油、废铅蓄电池及含油废物等）处置情况及去向，提供危险废物转移联单及与委托单位签订的协议。

（8）节能环保技术应用情况

应分析自有场站基础设施节能灯/LED 灯使用情况、节水器具使用情况。

（9）管理状况

应分析运营过程管理状况，员工节能环保意识水平等，同时应了解企业开展环境管理体系认证及能源管理体系认证情况。

4.3.3　清洁生产水平评价和政策符合性分析

交通运输行业企事业单位清洁生产水平评价和政策符合性分析应符合以下要求。

① 在资料调研、现场考察及专家咨询的基础上，对比交通运输行业内先进水平及企业近三年的经营、能耗、环境保护状况和管理水平，对企业现状进行初步评估。

② 对照《清洁生产评价指标体系　交通运输业》，评价企业清洁生产水平。

③ 在同类企业节能环保水平和本企业节能环保现状的调查基础上，对差距进行初步分析。评价企业在现有服务流程、交通工具和管理水平下能源消耗、产污排污状况的真实性、合理性以及相关数据的可信性。

④ 对照《用能单位能源计量器具配备和管理通则》（GB 17167）和《用水单位水计量器具配备和管理通则》（GB 24789）评价计量器具配备和使用情况。

⑤ 对照《环境管理体系　要求及使用指南》（GB/T 24001）和《能源管理体系　要求》（GB/T 23331）评价环境和能源管理体系建设和运行情况。

⑥ 评价国家、地方及行业环保政策法规标准执行情况。根据废水排放去向，执行国家或地方水污染物排放标准；尾气排放执行《车用压燃式、气体燃料点燃式发动机与汽车排气污染物排放限值及测量方法（中国Ⅲ、Ⅳ、Ⅴ阶段）》（GB 17691—2005）。

4.3.4　确定审核重点

交通运输行业清洁生产审核重点应包括但不限于：

① 污染严重的环节或部位，如交通工具营运过程中排放尾气、存放危险化学品的仓库产生的固体废物等；

② 原料损失、水耗、能耗大的环节或部位，如交通工具营运过程中消耗燃料，调度及场站照明系统、办公楼、各类用水器具等；

③ 环境及公众压力大的环节或问题，如交通工具营运过程中排放尾气、场站噪声等；

④ 有明显的清洁生产机会的环节或部位。

4.3.5 设置清洁生产目标

(1) 公共电汽车客运企业清洁生产目标

目标应包括但不限于：

① 万公里综合能耗；

② 万人次能耗；

③ 不同燃料类型（柴油、CNG、LNG）公交车每百公里能耗；

④ 场站单位建筑面积综合能耗；

⑤ 办公区域人均取水量；

⑥ 办公区域人均排水量；

⑦ 单车清洗用水量（若该企业洗车用水不在审核范围内可不考虑）。

(2) 城市轨道交通客运企业清洁生产目标

目标应包括但不限于：

① 万人公里综合能耗；

② 万人次能耗；

③ 车公里牵引电耗；

④ 万人公里牵引电耗；

⑤ 车站照明系统每平方米电耗；

⑥ 单车清洗用水量；

⑦ 车站每平方米能耗；

⑧ 单位采暖面积耗天然气量。

(3) 出租车客运企业清洁生产目标

目标应包括但不限于：

① 万公里综合能耗；

② 不同燃料类型（汽油、双燃料）出租车每百公里能耗；

③ 办公区域人均取水量；

④ 办公区域人均排水量；

⑤ 当前执行国家机动车排放标准最优限值的车型比例；

⑥ 空驶率；

⑦ 单车清洗用水量（若该企业洗车用水不在审核范围内可不考虑）。

(4) 道路货物运输企业清洁生产目标

目标应包括但不限于：

① 车公里汽油（柴油）消耗量；

② 吨公里汽油（柴油）消耗量；

③ 库房单位建筑面积耗电量；

④ 空驶率；

⑤ 单车清洗用水量（若该企业洗车用水不在审核范围内可不考虑）；

⑥ 物流企业（如快递公司等）清洁生产目标应包括单位快件综合能耗。

4.4 审核阶段技术要求

4.4.1 目的及要求

审核是企业开展清洁生产审核工作的第三阶段，目的是对审核重点的能源消耗、运输服务过程以及废物的产生等多方面因素进行审核。通过对审核重点的能量平衡、运力平衡进行实际测算（技术条件允许时可进行重点污染因子平衡、水平衡、电平衡测算），分析能量和运力流失的环节，找出污染物产生的原因。查找在交通运输工具运营过程、调度、交通运输工具日常修理和维护、管理、人员以及废物的处理处置与回收利用等方面存在的问题，并将其与国内外的先进水平进行对比，寻找差距，为进一步产生并筛选清洁生产方案奠定基础。

本阶段工作重点是实测交通运输工具运营情况，建立平衡，分析废物产生的原因，并提出相应的清洁生产方案。

4.4.2 运力平衡

建立运力平衡旨在准确地判断审核重点的运力损失，定量地确定运力损失的数量，分析运力损失的原因，并为产生和研制清洁生产方案提供科学的依据。根据测试要求选取一定比例交通工具作为实测样本，在一定时间内对其进行运营实测；计算测试期间的行驶里程、载客里程、空驶里程、空驶率、载客次数等指标。交通运输行业运力平衡测试如图 4-2 所示。

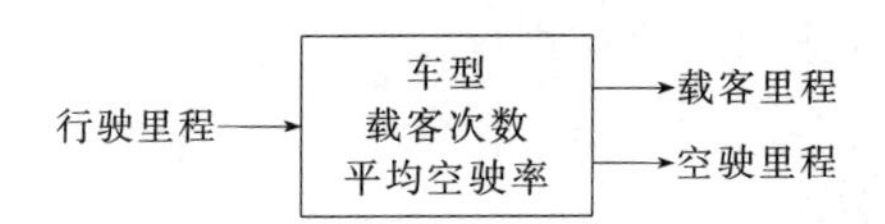

图 4-2 交通运输行业运力平衡测试示意

4.4.3 水平衡测试

对于交通运输行业用水多为办公区生活用水及公共汽车洗车用水，可根据企业实际情况如计量器具配备率等因素视条件开展交通运输企业水平衡测试。某企业水平衡测试如图 4-3 所示。

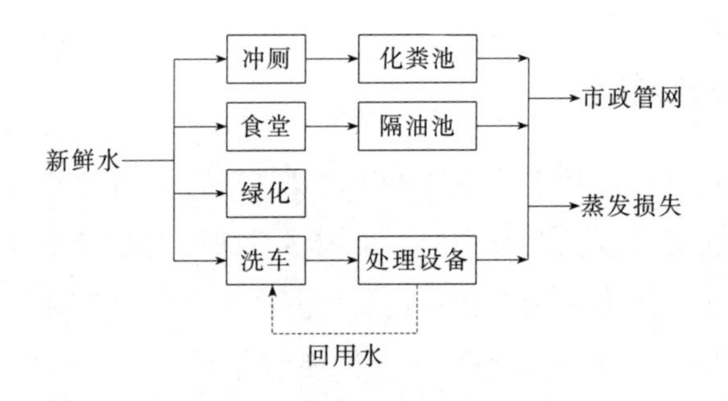

图 4-3 某企业水平衡测试示意

4.4.4 电平衡测试

对于交通运输行业用电多为办公区生活用电，可根据企业实际情况如计量器具配备率等因素视条件开展全公司电平衡测试。轨道运输业以电力作为主要用能，则应作为重点建立电平衡图。某轨道公司电平衡测试如图 4-4 所示。

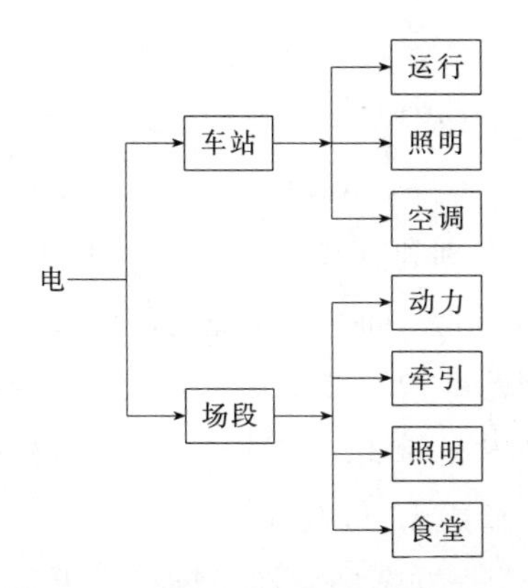

图 4-4　某轨道公司电平衡测试示意

4.4.5　能耗高、物耗高、废物产生量大的原因分析

系统分析交通运输企业运力损失及高能耗的原因。以出租车为例，分析其运力损失及能耗高的主要原因包括但不限于：

① 上一位乘客下车到下一位乘客上车的空驶；

② 双班车夜间行驶，打车乘客相对较少，造成空驶率相对较高；

③ 电召乘客违约导致空驶；

④ 驾驶经验影响空驶率；

⑤ 车况、路况影响能耗；

⑥ 老旧车辆能耗高；

⑦ 良好的驾驶习惯能降低油耗。

4.5　方案产生和筛选阶段技术要求

4.5.1　目的及要求

方案产生和筛选阶段主要目的：通过筛选确定清洁生产方案，筛选供下一阶段进行可行性分析的中/高费方案。核定与汇总已实施无/低费方案的实施效果。

4.5.2 工作内容

该阶段需要对方案进行筛选、研制和与现有方案效果对比分析。

从影响交通运输企业经营服务过程的“八个方面”全面系统地产生清洁生产方案。方法包括但不限于：在全企业范围内进行宣传培训，鼓励全体员工提出清洁生产方案或合理化建议；针对审核阶段的平衡分析结果产生方案；广泛收集国内外同行业、同类型企业的清洁生产技术；参考国家和地方相关行业标准、技术规范等指导性文件；组织行业专家进行技术咨询。

方案筛选需要从技术、环境、经济和实施难易程度等方面将所有方案进行汇总筛选，以确定可行的无/低费方案、初步可行的中/高费方案和不可行方案三类；可行的无/低费方案应立即实施，不可行方案暂时搁置或否定；当方案数量较多时，运用权重总和计分排序法，对初步可行的中/高费方案进一步筛选和排序。

方案研制主要是对经过筛选的中/高费方案作简要分析，内容包括但不限于：工艺流程详图；主要设备清单；方案的费用和效益估算。

核定与汇总已经实施的无/低费方案的实施效果，应评估投资和运行费用、经济效益和环境效益。

4.5.3 常见清洁生产方案

交通运输行业典型清洁生产方案如表 4-2 所列。

表 4-2　交通运输行业典型清洁生产方案

序号	部位和过程	清洁生产方案
公共电汽车客运业典型方案		
1	尾气排放	对发动机的排气管路加装保温材料，部分车辆需切割、焊接排气管，同时更新 DCU 数据和 ECU 数据。改造后基本不影响发动机功率及油耗，尿素消耗量会有所增加，从而增加了对氮氧化物的排放抑制作用
2	发动机冷却系统	将单散热形式冷却系统改造为智能恒温节能冷却系统，可节约燃油消耗6%以上，同时具有降噪、减排及提升发动机功率的效能
3	发动机	加装液力缓速节能系统，实现制动能量的回收利用，同时在起步、加速时利用储存的液压能进行驱动
4	减速器	优化主减速器速比

续表

序号	部位和过程	清洁生产方案
		轨道交通业典型方案
5	列车再生电能利用	列车通过牵引系统将制动能量转化为再生电能，供给电网再利用
6	地下车站通风系统	根据轨道站内控制参数的变化，合理地调节空调系统的风机转速，研究适用不同环境的控制模式，建立适合轨道交通通风空调系统的变频，解决环控系统的能量最优问题
7	车站空调水系统	通过全面采集车站空调水系统各种运行参量，形成系统网络。系统根据负荷的变化，对车站空调水系统中的各个循环系统进行综合控制，实现整个车站空调水系统的高效运行和节能
8	制冷系统	采用冰蓄冷技术，设置集中制冷站，利用大型冷水机组生产冷水通过输水管路输送到各个分散用户。均衡电力负荷，实现“削峰填谷”，同时减少轨道电力系统的总容量，提高系统设备运行效率
9	车内空调通风系统	CO_2 浓度调节空调新风量节能技术，主要采用 CO_2 探头，采集空间的 CO_2 浓度，通过传感器至智能分析控制器发出指令，从而控制电动微分调节风阀，以达到调节和控制新风量一直处在最佳的节能运行状态
		出租车客运业典型方案
10	适当调整单、双班车辆车龄	调整新旧车辆单、双班分配，将新车设为双班车，老旧车辆设为单班车。可提高新车利用率，降低老旧车辆利用率，进而减少能耗和污染
11	推广电话叫车服务	通过宣传和消费者引导，推广电话叫车、手机软件叫车服务，进而方便乘客打车，也能降低空驶率
12	安装 PCV 节能减排器	将发动机内部化合物(首次燃烧后的产物)重新引回发动机，从而达到二次燃烧，实现节能环保效果
		道路货运业典型方案
13	发动机	加注陶瓷合金修复产品，在机具摩擦表面形成陶瓷合金层和油膜双重润滑和双重保护，使运营车辆在正常工作条件下，对发动机的磨损(腐蚀、锈蚀、点蚀、擦伤、接触疲劳)进行有效修复
14	中转场皮带机	在中转场皮带机上安装电子眼，将电子眼与控制系统连接，当监测到皮带机 5min 以上没有货物传送，则停止运转
15	运输作业模式	采用长途甩挂运输作业模式，替代原有的普通单体货车运输模式可以减少牵引车装卸等待时间，提高车辆利用效率；减少人员待命时间，降低人工成本；提高货物周转速率和仓库有效利用率，降低社会物流成本
16	轮胎	采用硅含量高的节能轮胎，减少轮胎的滚动摩擦，以达到节省汽车燃油的目的

续表

序号	部位和过程	清洁生产方案
交通运输行业通用方案		
17	定期排车	每隔一段时间，组织各班组排车检查，对有隐患的车辆及时维护保养
18	严格监督车辆	按驾驶员上报行驶里程数，实时监督，达到额定行驶里程数即对发动机设备进行维护和保养
19	照明系统改造	非调光区节能灯使用率100%。 照明系统设计符合《建筑照明设计标准》(GB 50034)。 节能灯符合《环境标志产品技术要求　照明光源》(HJ 2518)。 电路安装智能型照明节电装置；按照高效照明分类。 室外霓虹灯建议采用LED灯
20	节水器具	符合《节水型生活用水器具》(CJ/T 164)，安装率达到100%(场站使用)
21	采用低噪声设备	采用低噪声设备
22	加装车载能耗计量系统	对现有车辆进行改造，加装能耗智能计量系统，并实现无线传输
23	办公用品循环使用	对于纸张进行双面打印和复印，加大绿色办公行动
24	垃圾分类收集	垃圾分类收集。 废零件、废电瓶、废机油桶等有毒有害物品需委托专业公司处理
25	空调系统运行时间根据温度调节	对公司办公区空调运行进行合理安排，在室外温度不高的情况下尽量不开空调，将空调制冷温度设置在合理范围内，加强人员节能意识教育
26	杜绝“跑、冒、滴、漏”现象	加强对办公区供水管网的监测，做到及时发现，及时处理，对设备进行经常性的检查、维护，减少“跑、冒、滴、漏”。加强食堂的燃气管理，关火即要关闭燃气阀，杜绝“跑、冒、滴、漏”和安全隐患
27	加强绩效考核	加强岗位人员的绩效考核，完善各项指标控制
28	定期检查车容车貌	定期检查车容车貌，确保车辆干净整洁，符合运营要求
29	驾驶员节能培训	开展驾驶员节能意识、节能驾驶培训。加强驾驶员和乘务员职业技能培训，加大清洁生产、节约能源的宣传力度，提高司机的驾驶营运技巧

4.6　方案的确定阶段技术要求

4.6.1　目的及要求

方案确定阶段需要按技术评估→环境评估→经济评估的顺序对方案进行

分析，技术评估不可行的方案，不必进行环境评估；环境评估不可行的方案，不必进行经济评估。技术评估应侧重方案的先进性和适用性。环境评估应侧重于方案实施后可能对环境造成的不利影响（如污染物排放量增加、能源资源消耗量增加等）。经济评估应侧重清洁生产经济效益的统计。

4.6.2　工作内容

市场调查需要进行市场需求调查和预测，确定备选方案和技术途径。

① 技术评估要求分析工艺路线、技术设备的先进性和适用性；国家、行业相关政策的符合性；技术的成熟性、安全性和可靠性。

② 环境评估需要分析能源结构和消耗量的变化；水资源消耗量的变化；原、辅材料有毒有害物质含量变化；废物产生量、排放量和毒性的变化，废物资源化利用变化情况；一次性消耗品减量化情况；操作环境是否对人体健康造成影响。

③ 经济评估需要采用现金流量分析和财务动态获利性分析方法，评价指标应包括但不限于：投资偿还期、净现值、净现值率、内部收益率。

可实施方案推荐应当汇总比较各投资方案的技术、环境、经济评估结果，确定最佳可行的推荐方案。

4.7　方案的实施阶段技术要求

4.7.1　目的及要求

清洁生产方案的实施程序与一般项目的实施程序相同，参照国家、地方或部门的有关规定执行。总结方案实施效果时，应比较实施前与实施后，预期和实际取得的效果。总结方案实施对交通运输企业的影响时，应比较实施前后各种有关单耗指标和排放指标的变化。

4.7.2　工作内容

程序包括：

① 组织方案实施；

② 汇总已实施的无/低费方案的成果；

③ 通过技术评价、环境评价、经济评价和综合评价，评估已实施的中/高费方案的成果；

④ 通过汇总环境效益和经济效益，对比各项清洁生产目标的完成情况，评价清洁生产成果，分析总结已实施方案对企业的整体影响。

4.8 持续清洁生产阶段技术要求

4.8.1 目的及要求

持续清洁生产阶段的主要目的是在交通运输企业内完善清洁生产管理体系，及时将审核成果纳入有关操作规程、技术规范和其他日常管理制度，巩固成效，持续推进。

4.8.2 工作内容

建立和完善清洁生产组织，明确职责、落实任务，并确定专人负责。

建立和完善清洁生产管理制度，应当把审核方法纳入交通运输企业的日常管理，建立和完善清洁生产激励机制；在内部建立合理化建议机制；在外部强化与消费者的互动，探索与消费者共享节能减排效益的机制，保证稳定的清洁生产资金来源。从企业内部、金融机构、政府财政等方面获取资金。

制订持续清洁生产计划，包括下一轮清洁生产审核工作计划、清洁生产方案的实施计划、清洁生产新技术的研究与开发计划、清洁生产培训宣传计划。

编制清洁生产审核报告（目的在于总结本轮清洁生产审核成果，汇总分析各项调查、实测结果，寻找废物产生和资源能源消耗原因和清洁生产机会，实施并评估清洁生产方案，建立和完善并持续推行清洁生产机制）。

4.9 清洁生产审核工作清单

表 4-3 为交通运输行业清洁生产审核检查清单。根据交通运输行业特点，从影响企业运营的八个方面给出了设计示例，即原、辅料和能源、技术

工艺、设备、过程控制、产品和服务、污染物、管理、员工，为行业企业开展清洁生产审核检查清单的编写提供示范。

表 4-3　交通运输行业清洁生产审核检查清单

项　　目	检查结果
①是否拥有并正在运营的黄标车	
②是否使用清洁燃料	
③是否使用国家明令淘汰设备	
④是否具有健全的设备维护保养制度，执行情况如何，“跑、冒、滴、漏”现象是否严重，职责是否明确到人	
⑤各岗位是否有现行有效的操作规程，是否建立岗位责任制，执行情况如何，是否建立奖惩制度	
⑥是否发生环境投诉事件	
⑦是否使用有能效标识的设备、级别	
⑧如有中央空调，是否进行定期清洗	
⑨是否有主要交通运输设备运行记录	
⑩是否有主要耗能设备(不含交通工具)运行记录	
⑪对燃料动力的消耗是否有计量	
⑫水、电等计量系统是否完备，是否工作正常	
⑬是否各场站均有水、电等计量设备	
⑭照明灯具是否使用节能灯，是否使用白炽灯	
⑮节水器具应用情况，是否符合国家或地方要求	
⑯是否有自己的交通工具维修设施	
⑰污水排放去向，执行什么标准	
⑱污水处理工艺，处理效果	
⑲废气排放执行什么标准	
⑳是否有自己的废气检测设备	
㉑垃圾是否分类收集	
㉒噪声情况，减噪措施，执行什么标准	
㉓是否制订长期的节能减排计划	
㉔是否通过环境管理体系认证，是否通过质量管理体系认证	
㉕员工操作技能、个人素质、环保意识如何	
㉖全员是否有定期的培训机会和清洁生产培训内容	
㉗是否有清洁生产建议收集、实施、奖励的机制	

参考文献

[1] 周金泉,殷星兰．浅谈企业清洁生产与环境保护[J]．大众科技，2005（8）：149-151.

[2] 康慧萍．清洁生产是实现可持续发展的基础[J]．山西能源与节能，2006（1）：22-23.

[3] 刘小冲,杨勇,金文．论如何推进清洁生产与可持续发展[J]．西安航空技术高等专科学校学报，2006，24（1）：40-42.

[4] 孙大光,杨旭海．企业持续清洁生产的保障措施[J]．江苏环境科技，2004，17（2）：46-48.

[5] 田野．企业清洁生产应把握的关键环节[J]．环境科学与技术，2005，28：84-86.

[6] 叶新,李汉平．保障清洁生产审核取得成效的基本规范探讨[J]．环境污染与防治 ，2010，32（2）：106-109.

[7] 李庆华,尚艳红．清洁生产审核中绩效评价方法的探讨[J]．环境科学与管理，2007，32（8）：192-194.

[8] 刘玫．企业清洁生产审核的标准化探讨[J]．环境与可持续发展，2009，34（4）：1-3.

[9] 张继伟,李多松．清洁生产审核中方案的经济可行性评估解析[J]．中国石油大学学报（社会科学版），2008，24（4）：28-31.

第5章 交通运输行业评价指标体系及评价方法

5.1 指标体系概述

北京市于2015年颁布，2016年4月1日起实施了《清洁生产评价指标体系 交通运输业》（DB11/T 1263—2015）（以下简称《指标体系》）；其他地方暂无相关清洁生产评价指标体系。

《指标体系》规定了交通运输行业清洁生产的评价指标体系、评价方法、指标解释与数据采集，适用于交通运输行业中公共电汽车客运业、城市轨道交通业、出租车客运业、道路货物运输业四个子行业的清洁生产审核、评估与绩效评价。

5.2 指标体系技术内容

5.2.1 标准框架

《指标体系》的制定参照了《清洁生产评价指标体系编制通则》（试行稿）（2013年第33号公告），其主要框架包括8个方面内容：a. 前言；b. 适用范围；c. 规范性引用文件；d. 术语和定义；e. 评价指标体系；f. 评价方法；g. 指标解释与数据来源；h. 参考文献。

5.2.2 技术内容

《指标体系》针对公共电汽车客运业、城市轨道交通业、出租车客运业以及道路货物运输业提出了清洁生产技术要求，具体内容如下所述。

公共电汽车客运业清洁生产评价指标体系如表 5-1 所列。

表 5-1 公共电汽车客运业清洁生产评价指标体系

<table>
<tr><th>项目
序号</th><th>一级指标</th><th>一级指标权重/%</th><th colspan="2">二级指标</th><th>单位或比率</th><th>二级指标权重/%</th><th>Ⅰ级基准值</th><th>Ⅱ级基准值</th><th>Ⅲ级基准值</th></tr>
<tr><td>1</td><td rowspan="7">车辆以及辅助设施要求</td><td rowspan="7">15</td><td colspan="2" rowspan="4">车辆要求</td><td rowspan="4">—</td><td>2</td><td colspan="3">车辆符合本市的排放要求，车辆车况在使用年限内</td></tr>
<tr><td>2</td><td>1</td><td colspan="3">车辆配备数据化收费系统</td></tr>
<tr><td>3</td><td>2</td><td colspan="3">具有监控管理功能、定位功能、车载能耗排放监测设备，具有车厢内监控系统等</td></tr>
<tr><td>4</td><td>2</td><td colspan="3">车辆按时添加尿素，并定期更换减排装置(SCR 等)</td></tr>
<tr><td>5</td><td colspan="2" rowspan="2">辅助设施要求</td><td rowspan="2">—</td><td>1</td><td colspan="3">办公区域使用节能灯</td></tr>
<tr><td>6</td><td>2</td><td colspan="3">不使用国家及市政府已经明令淘汰的装备；如使用明令限期淘汰的装备，应列人整改计划①</td></tr>
<tr><td>7</td><td colspan="2">近五年车辆年平均更新率</td><td>%</td><td>5</td><td>≥20</td><td>≥15</td><td>≥10</td></tr>
<tr><td>8</td><td rowspan="10">资源与能源利用指标</td><td rowspan="10">54</td><td colspan="2">万公里综合能耗(按标准煤计)</td><td>t</td><td>10</td><td>≤5.2</td><td>≤5.5</td><td>≤5.8</td></tr>
<tr><td>9</td><td colspan="2">万人次能耗(按标准煤计)</td><td>t</td><td>10</td><td>≤1.3</td><td>≤1.4</td><td>≤1.5</td></tr>
<tr><td>10</td><td rowspan="3">柴油车型百公里能耗</td><td>单机</td><td rowspan="3">L</td><td>5</td><td>≤35</td><td>≤37</td><td>≤39</td></tr>
<tr><td>11</td><td>铰接</td><td>5</td><td>≤40</td><td>≤43</td><td>≤45</td></tr>
<tr><td>12</td><td>双层</td><td>5</td><td>≤39</td><td>≤42</td><td>≤45</td></tr>
<tr><td>13</td><td rowspan="2">CNG 车型百公里能耗</td><td>单机</td><td rowspan="2">kg</td><td>5</td><td>≤34</td><td>≤36</td><td>≤38</td></tr>
<tr><td>14</td><td>双层</td><td>5</td><td>≤35</td><td>≤36</td><td>≤37</td></tr>
<tr><td>15</td><td colspan="2">LNG 车型百公里燃料消耗</td><td>kg</td><td>5</td><td>≤24</td><td>≤26</td><td>≤28</td></tr>
<tr><td>16</td><td colspan="2">场站单位建筑面积每年综合能耗(按标准煤计)</td><td>kg/(m²·a)</td><td>2</td><td>≤5</td><td>≤6</td><td>≤8</td></tr>
<tr><td>17</td><td colspan="2">办公区域每年人均取水量</td><td>m³/(人·a)</td><td>2</td><td>≤16</td><td>≤18</td><td>≤20</td></tr>
</table>

续表

项目 序号	一级指标	一级指标权重/%	二级指标	单位或比率	二级指标权重/%	Ⅰ级基准值	Ⅱ级基准值	Ⅲ级基准值
18	污染物排放指标	2	办公区域每年人均排水量	$m^3/(人 \cdot a)$	2	≤13	≤14	≤16
19	管理要求	29	执行国家机动车排放标准最新阶段限值车型比例	%	10	≥50	≥45	≥30
20			管理制度	—	2	符合国家和本市有关环境法律、法规；废水排放执行DB11/307、锅炉废气排放执行DB11/139、噪声执行GB 12348①		
21					1	有明确环境目标和行动措施；有健全的公共安全、车辆安全、节能降耗、环保的规章制度；有定期检查目标实现情况及规章制度执行情况的记录		
22			组织机构	—	1	设置环境、能源管理岗位，实行环境、能源管理岗位责任制，重点用能系统、设备的操作岗位应当配备专业技术人员		
23			能源管理	—	1	有单车IC卡加油加气系统		
24					2	每辆车有每天的加油、行车记录		
25			环境管理	—	2	车辆空调设施定期清洗；通风设备的热交换器以及暖气和空调定期清理；排风装置中的过滤设备，每周清洁一次		
26					5	一般固体废物按照GB 18599相关规定执行；危险废物按照GB 18597相关规定执行①		
27			培训管理	—	5	定期对驾驶员进行驾驶技能培训		

① 为限定性指标。

注：公共电汽车客运业内汽修环节执行《清洁生产评价指标体系　汽车维修及拆解业》。

城市轨道交通业清洁生产评价指标体系如表5-2所列。

表 5-2　城市轨道交通业清洁生产评价指标体系

序号 \ 项目	一级指标	一级指标权重/%	二级指标	单位或比率	二级指标权重/%	Ⅰ级基准值	Ⅱ级基准值	Ⅲ级基准值
1	车辆以及辅助设施要求	21	车辆要求	—	3	车辆符合行业行驶标准要求，车辆车况在使用年限内		
2					2	具有监控管理功能、定位功能、具有车厢内监控系统等		
3			站报系统等设备完好率	%	2	100	≥98	≥95
4			辅助设施要求	—	2	办公区域使用节能灯		
5					4	合理设置无功功率补偿设备		
6					8	①不使用国家及市政府已经明令淘汰的装备；如使用明令限期淘汰的装备，应列入整改计划		
7	资源与能源利用指标	54	万人公里综合能耗（按标准煤计）	t	8	≤0.07	≤0.075	≤0.08
8			万人次能耗（按标准煤计）	t	5	≤0.58	≤0.62	≤0.66
9			万人公里电耗	kW·h	5	≤450	≤490	≤540
10			万人次电耗	kW·h	5	≤3720	≤4133	≤4546
11			车公里牵引电耗	kW·h	8	≤1.8	≤1.9	≤2.0
12			万人公里牵引电耗	kW·h	6	≤275	≤285	≤305
13			车站照明系统每年每平方米电耗	kW·h/(m^2·a)	6	≤60	≤65	≤68
14			办公区域每年人均取水量	m^3/(人·a)	3	≤16	≤18	≤20
15			单位采暖面积每年耗天然气量	m^3/(m^2·a)	3	≤20	≤22	≤25
16			车站每平方米每年能耗（按标准煤计）	kg/(m^2·a)	5	≤12	≤13.5	≤15
17	污染物排放指标	3	办公区域每年人均排水量	m^3/(人·a)	3	≤13	≤14	≤16

续表

项目 序号	一级指标	一级指标权重/%	二级指标	单位或比率	二级指标权重/%	Ⅰ级基准值	Ⅱ级基准值	Ⅲ级基准值
18	管理要求	22	管理制度	—	3	符合国家和本市有关环境法律、法规；废水排放执行 DB11/ 307、锅炉废气排放执行 DB11/ 139、噪声执行 GB 12348[①]		
19					3	有明确环境目标和行动措施；有健全的公共安全、车辆安全、节能降耗、环保的规章制度；有定期检查目标实现情况及规章制度执行情况的记录		
20			组织机构	—	3	设置环境、能源管理岗位，实行环境、能源管理岗位责任制；重点用能系统、设备的操作岗位应当配备专业技术人员		
21			能源管理	—	3	具有完善的计量系统，计量器具配备情况符合 GB 17167[①]		
22			环境管理	—	2	通风、制冷和供暖设备应强化日常维护及清洁管理，并配有监控系统		
23					3	车辆空调设施定期清洗；通风设备的热交换器以及暖气和空调定期清理；排风装置中的过滤设备，每周清洁一次		
24					5	一般固体废物按照 GB 18599 相关规定执行；危险废物按照 GB 18597 相关规定执行[①]		

① 为限定性指标。

出租车客运业清洁生产评价指标体系如表 5-3 所列。

表 5-3　出租车客运业清洁生产评价指标体系

项目 序号	一级指标	一级指标权重/%	二级指标	单位或比率	二级指标权重/%	Ⅰ级基准值	Ⅱ级基准值	Ⅲ级基准值
1	车辆以及辅助设施要求	13	车辆要求	—	2	车辆符合本市的排放要求，车辆车况在使用年限内		
2					1	车辆配备数据化收费系统		
3					2	车辆有电召调度系统		
4					2	车辆符合 DB11/T 223 相关规定		
5					1	制订新能源与清洁能源车辆推广计划		

续表

序号	一级指标	一级指标权重/%	二级指标	单位或比率	二级指标权重/%	Ⅰ级基准值	Ⅱ级基准值	Ⅲ级基准值
6	车辆以及辅助设施要求	13	辅助设施要求	—	1	办公区域使用节能灯		
7					2	不使用国家及市政府已经明令淘汰的装备；如使用明令限期淘汰的装备，应列入整改计划①		
8			OBD报警装置配备率	%	2	≥90	≥80	≥75
9	资源与能源利用指标	36	万公里综合能耗（按标准煤计）	t	10	≤0.75	≤0.95	≤1.15
10			单燃料车百公里油耗 1.6L型	L	8	≤8.2	≤8.7	≤9.2
11			单燃料车百公里油耗 1.8L及以上车型		8	≤9	≤9.5	≤10
12			双燃料车百公里燃料消耗	L	8	≤7.6	≤7.8	≤8.2
13			办公区域每年人均取水量	m^3/（人·a）	2	≤16	≤18	≤20
14	污染物排放指标	2	办公区域每年人均排水量	m^3/（人·a）	2	≤13	≤14	≤16
15	管理要求	28	执行国家机动车排放标准最新阶段限值车型比例	%	10	≥50	≥45	≥30
16			管理制度	—	4	符合国家和本市有关环境法律、法规；废水排放执行DB11/ 307、锅炉废气排放执行DB11/ 139、噪声执行GB 12348①		
17					1	有明确环境目标和行动措施；有健全的公共安全、车辆安全、节能降耗、环保的规章制度；有定期检查目标实现情况及规章制度执行情况的记录		
18			组织机构	—	2	设置环境、能源管理岗位，实行环境、能源管理岗位责任制；重点用能系统、设备的操作岗位应当配备专业技术人员		
19			环境管理	—	2	车辆空调设施定期清洗；通风设备的热交换器以及暖气和空调定期清理；排风装置中的过滤设备，每周清洁一次		
20					4	一般固体废物按照GB 18599相关规定执行；危险废物按照GB 18597相关规定执行①		
21			培训管理	—	5	定期对驾驶员进行驾驶技能培训		

续表

项目 序号	一级指标	一级指标权重/%	二级指标	单位或比率	二级指标权重/%	Ⅰ级基准值	Ⅱ级基准值	Ⅲ级基准值
22	服务特征	21	空驶率	%	8	≤34.5	≤35.5	≤37.5
23			出车率	%	8	≥85	≥80	≥75
24			电召成功率	%	5	≥66	≥64	≥62

① 为限定性指标。

注：1. 双燃料车百公里燃料消耗指标将天然气消耗量折算为汽油消耗量进行计算；

2. 出租车客运业内汽修环节执行《清洁生产评价指标体系 汽车维修及拆解业》。

道路货物运输业清洁生产评价指标体系如表5-4所列。

表5-4　道路货物运输业清洁生产评价指标体系

项目 序号	一级指标	一级指标权重/%	二级指标		单位或比率	二级指标权重/%	Ⅰ级基准值	Ⅱ级基准值	Ⅲ级基准值
1	车辆以及辅助设施要求	6	车辆要求		—	2	车辆符合本市的排放要求，车辆车况在使用年限内		
2						1	车辆具有监控管理功能，定位功能		
3			辅助设施要求		—	1	办公区域使用节能灯		
4						2	不使用国家及市政府已经明令淘汰的装备；如使用明令限期淘汰的装备，应列入整改计划①		
5	资源与能源利用指标	55	车公里汽油消耗	微型	L	5	≤0.11	≤0.12	≤0.14
6				轻型	L	5	≤0.14	≤0.15	≤0.16
7			车公里柴油消耗	微型	L	8	≤0.11	≤0.12	≤0.14
8				轻型	L	8	≤0.17	≤0.18	≤0.22
9			吨公里柴油消耗	中型	L	8	≤0.026	≤0.028	≤0.03
10				重型	L	8	≤0.016	≤0.018	≤0.022
11			库房单位建筑面积每年耗电量		kW·h/(m^2·a)	5	≤0.4	≤0.5	≤0.8
12			单位快件量综合能耗(按标准煤计)		t/万件	6	≤0.8	≤1.0	≤1.2
13			办公区域每年人均取水量		m^3/(人·a)	2	≤16	≤18	≤20

续表

项目 序号	一级指标	一级指标权重/%	二级指标	单位或比率	二级指标权重/%	Ⅰ级基准值	Ⅱ级基准值	Ⅲ级基准值
14	污染物排放指标	2	办公区域每年人均排水量	m^3/(人·a)	2	≤13	≤14	≤16
15	管理要求	30	执行国家机动车排放标准最新阶段限值车型比例	%	8	≥30	≥20	≥10
16			管理制度	—	6	符合国家和本市有关环境法律、法规；废水排放执行 DB11/ 307、锅炉废气排放执行 DB11/ 139、噪声执行 GB 12348①		
17					2	有明确环境目标和行动措施；有健全的公共安全、车辆安全、节能降耗、环保的规章制度；有定期检查目标实现情况及规章制度执行情况的记录		
18			组织机构	—	2	设置环境、能源管理岗位，实行环境、能源管理岗位责任制，重点用能系统、设备的操作岗位应当配备专业技术人员		
19			环境管理	—	2	车辆空调设施定期清洗；通风设备的热交换器以及暖气和空调定期清理；排风装置中的过滤设备，每周清洁一次		
20					5	一般固体废物按照 GB 18599 相关规定执行；危险废物按照 GB 18597 相关规定执行①		
21			培训管理	—	5	定期对驾驶员进行驾驶技能培训		
22	服务特征	7	空驶率	%	5	≤35	≤40	≤45
23			电子化货物配送率	%	2	≥60	≥40	≥20

① 为限定性指标。

注：道路货物运输业内汽修环节执行《清洁生产评价指标体系 汽车维修及拆解业》（DB11/T 1265—2015）。

按照评价指标体系对企业的相关情况进行打分，得到最后的综合评价指标，根据指标值，将企业清洁生产水平划分为三级，即清洁生产领先水平企业、清洁生产先进水平企业、清洁生产企业。清洁生产等级对应的综合评价指标见表 5-5。

表 5-5 清洁生产等级与企业综合评价指标值

清洁生产等级	清洁生产综合评价指标值 P
一级 清洁生产领先水平企业	≥90
二级 清洁生产先进水平企业	$80 \leqslant P < 90$
三级 清洁生产企业	$70 \leqslant P < 80$

5.3 指标体系技术依据

5.3.1 公共电汽车客运业技术内容确定依据

5.3.1.1 综合能耗

北京公共电汽车客运企业能源消耗种类主要为电力、煤炭、汽油、柴油、天然气、液化石油气、煤油、外购热力等。各种能源消耗比例如图 5-1 所示。北京市公共电汽车客运企业能源流向如表 5-6 所列。

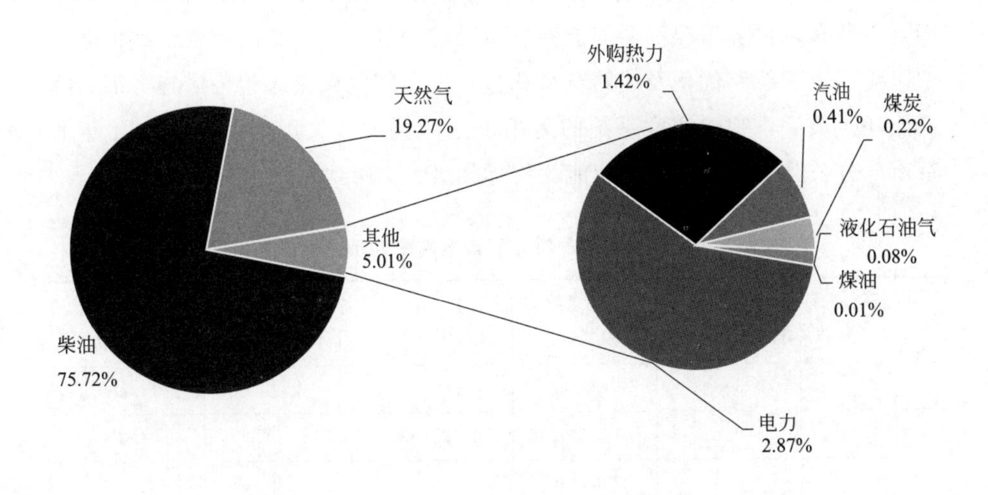

图 5-1 北京市公共电汽车客运企业能源消耗比例

表 5-6　北京市公共电汽车客运企业能源流向　　单位：%

能源种类＼流向	公交车辆系统	供暖系统	其他
电力	46.36	6.27	47.37
煤炭	—	100	—
汽油	—	—	100
柴油	99	1	—
天然气	94	6	—
液化石油气	—	—	100
煤油	100	—	—
外购热力	—	100	—
自来水	—	—	100
中水	—	—	100

注：“其他”是指除公交车辆系统、供暖系统外的所有其他消耗能源的地方，主要包括食堂、公务用车、生活用水、照明、洗车绿化以及公交辅助系统等。

影响公交车辆能耗指标变化的因素很多且非常复杂。路况是影响油耗的主要因素，减少怠速运行，对能耗降低及污染物排放有重要意义。其一，不同类型线路的平均百公里油耗有较大的差异，一般相差在20%以上，同时驾驶员也会影响公交车辆能耗，同一线路上、同一辆车，不同的驾驶员的油耗差异也可达20%以上。车辆整体情况也会影响公交车辆能耗，车龄、车辆自重及车辆保养情况都会对能耗有所影响。其二，公交的运营组织也会产生影响，运营线路优化及线路车型调整，发车间隔调整等相关措施，都会降低能耗。最后，智能调度系统的运用也是能耗的一大影响因素。2014年北京市部分公共电汽车客运企业能耗指标如表5-7所列。

表 5-7　2014 年北京市部分公共电汽车客运企业能耗指标

企业＼项目	综合能耗（按标准煤计）/t	行驶里程 /10^4km	客运量 /万人次	万公里综合能耗（按标准煤计）/t	万人次能耗（按标准煤计）/t
A	47518.8	9138.23	32190	5.20	1.48
B	41031.9	7556.52	30792.53	5.43	1.33
C	37329.12	7069.91	23818.44	5.28	1.57
D	48004.8	8511.49	33158.27	5.64	1.45

续表

企业＼项目	综合能耗（按标准煤计）/t	行驶里程/10^4km	客运量/万人次	万公里综合能耗（按标准煤计）/t	万人次能耗（按标准煤计）/t
E	41901.29	7660.2	31513.52	5.47	1.33
F	39002.22	7543.95	32257.82	5.17	1.21
G	33257.06	6263.1	23077.98	5.31	1.44
H	39743.99	6948.25	29587.09	5.72	1.34
I	50673.48	9213.36	33828.15	5.50	1.50
J	53372.33	9811.09	34871.12	5.44	1.53

目前，北京市有公交车 2 万余辆。2014 年万公里综合能耗（按标准煤计）为 5.42t，2014 年万人次能耗（按标准煤计）为 1.42t。《指标体系》中规定的综合能耗如表 5-8、表 5-9 所列。

表 5-8　万公里综合能耗（按标准煤计）　　单位：t

项目＼标准	Ⅰ级基准值	Ⅱ级基准值	Ⅲ级基准值
万公里综合能耗	≤5.2	≤5.5	≤5.8

表 5-9　万人次能耗（按标准煤计）　　单位：t

项目＼标准	Ⅰ级基准值	Ⅱ级基准值	Ⅲ级基准值
万人次能耗	≤1.3	≤1.4	≤1.5

5.3.1.2　百公里能耗

不同燃料类型车辆百公里燃料消耗量差异较大，柴油车型、CNG 车型、LNG 车型百公里燃料消耗量对比如表 5-10 所列。

表 5-10　不同燃料类型车辆百公里燃料消耗量

企业＼项目	柴油/L			CNG/kg		LNG/kg
	单机	铰接	双层	单机	双层	
A	37.18	43.82	—	36.49	—	24.68

续表

企业＼项目	柴油/L			CNG/kg		LNG/kg
	单机	铰接	双层	单机	双层	
B	40.04	44.87	—	36.51	—	23.56
C	37.37	43.63	—	35.46	—	21.12
D	37.4	41.1	—	33.57	—	24.12
E	42.49	45.81	—	37.1	—	26.21
F	38.26	45.69	—	35.41	—	27.11
G	40.6	44.28	—	35.56	—	25.47
H	—	—	39.85	—	34.04	—
I	41.27	44.21	42.11	37.35	36.21	27.02
J	40.81	42.93	—	36.38	—	26.98

《指标体系》中规定不同燃料类型车辆百公里燃料消耗量如表5-11所列。

表 5-11　百公里燃料消耗量

项目	车型	单位	Ⅰ级基准值	Ⅱ级基准值	Ⅲ级基准值
柴油车型百公里能耗	单机	L	≤35	≤37	≤39
	铰接		≤40	≤43	≤45
	双层		≤39	≤42	≤45
CNG车型百公里能耗	单机	kg	≤35	≤36	≤38
	双层		≤35	≤37	≤39
LNG车型百公里燃料消耗		kg	≤28	≤32	≤36

5.3.2　城市轨道交通业技术内容确定依据

北京城市轨道交通企业能源消耗种类主要为电力、汽油、柴油、热力、天然气、液化石油气和水。具体的能源流向如图5-2所示。

影响轨道运营车辆能耗指标变化的因素很多且非常复杂。

（1）固定设施因素

1）轨道运营车型　轨道运营的车型直接决定运营能耗的多少。车型制动方式的不同、车厢内服务设施的不同以及运营车辆的车龄直接影响轨道交

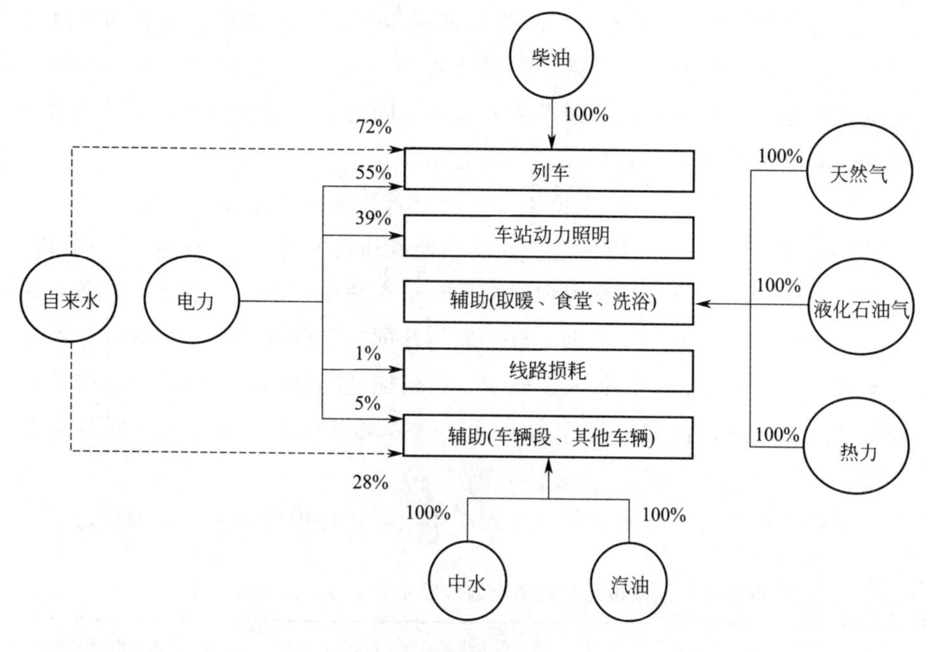

图 5-2　能源流向

通的运营能耗。

2）站内基础设施　轨道各车站内的基础设施的安置情况也将影响轨道的能耗。站内照明设施的更换、空调系统的优化等可以直接节约轨道的能源消耗。

这些固定设施因素虽然能够在一定程度上影响轨道的能耗，但基础设施的更换与优化并不是随时就能够进行的，其在影响轨道能耗逐年变化方面并不能够起到主要的作用。

（2）运营因素

1）客运量　轨道客运量的增长将导致单车装载更多的乘客，从而增加机车的牵引重量，进而直接增加机车的牵引能耗，而客运量的增加也将导致加开列车、缩短发车间隔满足客流需求等措施的实施，这些措施将导致轨道交通能耗的增加。

2）票价　若轨道交通票价施行单一票价，无需求弹性，在成本持续增长的情况下，客运收入的增长无法与成本的增长相匹配，导致了单位产值能耗的升高，但客运量的增长在运营线路数量不发生变化的条件下会直接导致单位客运量及单位周转量能耗指标的下降。

3）运营管理　在车型、车龄等因素确定后，对轨道交通运营的管理如对发车时间间隔的确定，也是影响其能耗的一个重要因素。发车间隔越短，在同样的运行时间内开行的列车数就越多，同时其能耗也将增加。其他管理措施，如延长首末车时间等也会影响能耗。

4）运营里程　运营里程越长，轨道交通车辆的能耗必将越高。

5）新线的开通　轨道交通公司各项能耗指标有逐年上升趋势。经分析，其根本原因在于新线的开通大大增加了轨道交通公司的运营成本，每条新线的能耗与原有线路的能耗基本一致。但与此同时，新线的客流量却远远不及原有线路的客流量，营运收入也较少，运营能耗与营运收入的不平衡增长就直接导致了单位产值能耗的升高，而这也是轨道交通公司能耗指标升高的原因。

北京市城市轨道交通运营企业近3年主要能耗指标如表5-12所列。

表5-12　北京市城市轨道交通运营企业近3年主要能耗指标

企业＼项目		万人公里综合能耗(按标准煤计)/t	万人次能耗/t	车公里牵引电耗/(kW·h/车)	万人公里牵引电耗/(kW·h)
第一年	A	0.075	0.68	1.94	298.2
	B	0.077	0.69	1.87	301.2
第二年	A	0.073	0.65	1.93	286.4
	B	0.076	0.63	1.88	285.7
第三年	A	0.074	0.58	1.91	267.9
	B	0.078	0.54	1.85	283.5

《指标体系》规定万人公里综合能耗、万人次能耗和车公里牵引电耗分别如表5-13～表5-15所列。

表5-13　万人公里综合能耗（按标准煤计）　单位：t

项目	Ⅰ级基准值	Ⅱ级基准值	Ⅲ级基准值
万人公里综合能耗	≤0.07	≤0.075	≤0.08

表5-14　万人次能耗（按标准煤计）　单位：t

项目	Ⅰ级基准值	Ⅱ级基准值	Ⅲ级基准值
万人次能耗	≤0.58	≤0.62	≤0.66

表 5-15 车公里牵引电耗 单位：kW·h/车

项目	Ⅰ级基准值	Ⅱ级基准值	Ⅲ级基准值
车公里牵引电耗	≤1.8	≤1.9	≤2.0

5.3.3 出租车客运业技术内容确定依据

5.3.3.1 综合能耗

目前，北京市约有出租车 6.7 万辆。对 10 家重点出租企业进行调研，共计拥有出租车 2.4 万辆。北京出租车客运企业能源消耗种类主要包括电力、汽油、天然气、外购热力等。年能耗情况如表 5-16 所列。

表 5-16 北京市出租车客运企业年能耗指标

企业＼项目	综合能耗(按标准煤计)/t	行驶里程/(10^4km)	万公里综合能耗(按标准煤计)/t
A	33854.99	53147.55	0.64
B	23482.7	22709.7	1.01
C	25808.3	23906.9	1.05
D	26869.5	26646.8	1.02
E	15170.2	14800.4	1.00
F	10623.13	9237.5	1.15
G	8278.256	8447.2	0.98
H	31575.2	47127.1	0.67
I	2486.2	3314.9	0.75
J	15078.3	13343.6	1.13

《指标体系》中规定万公里综合能耗如表 5-17 所列。

表 5-17 万公里综合能耗（按标准煤计） 单位：t

项目	Ⅰ级基准值	Ⅱ级基准值	Ⅲ级基准值
万公里综合能耗	≤0.75	≤0.95	≤1.15

5.3.3.2 百公里能耗

不同燃料类型车辆百公里燃料消耗量差异较大，汽油车型、双燃料车型百公里燃料消耗量对比如表 5-18 所列。

表 5-18 不同燃料类型车辆百公里燃料消耗量 单位：L

项目	第一年			第二年			第三年		
企业	汽油		双燃料	汽油		双燃料	汽油		双燃料
	1.6L 型	1.8L 及以上		1.6L 型	1.8L 及以上		1.6L 型	1.8L 及以上	
A	8.71	—	—	8.43		—	8.40	—	—
B	8.51	—	7.80	8.45	—	7.82	8.37	—	7.67
C	8.98	—	7.85	8.95	—	7.71	8.62	—	7.55
D	9.11	9.55	—	9.08	9.78	—	8.80	8.90	—
E	8.98	—	—	9.00	—	—	8.82	—	—
F	9.22	—	—	9.19	—	—	9.14	—	—
G	8.55	—	—	8.01	—	—	7.99	—	—
H	8.74	—	—	8.76	—	—	8.67	—	—
I	8.70	9.72	—	8.65	9.70	—	8.53	9.64	—
J	9.23	9.95	—	9.12	9.76	—	9.15	9.88	—

注：双燃料车百公里燃料消耗指标将天然气消耗量折算为汽油消耗量进行计算。

《指标体系》规定不同燃料类型车辆百公里燃料消耗量，如表 5-19 所列。

表 5-19 车辆百公里燃料消耗量 单位：L

项目	排气量	Ⅰ级基准值	Ⅱ级基准值	Ⅲ级基准值
单燃料车百公里油耗	1.6L 型	≤8.2	≤8.7	≤9.2
	1.8L 及以上	≤9.0	≤9.5	≤10
双燃料车型百公里能耗		≤7.6	≤7.8	≤8.2

注：双燃料车百公里燃料消耗指标将天然气消耗量折算为汽油消耗量进行计算。

5.3.4 道路货物运输业技术内容确定依据

北京市道路货物运输业具有小、散、弱的特点，业户多，规模小。目前，北京市道路货物运输约 4.7 万户，运输车辆 17 万辆。规模在 5 辆车以上的业户有 4800 余户，不足 10%。规模在 100 辆车以上的业户不足 200 户。该标准适用于规模在 100 辆车以上的业户。

道路货物运输主要分为干线运输和城市配送。按车型分类可分为微型车、轻型车、中型车和重型车。微型车、轻型车多用于城市配送，中型车和重型车多用于干线运输。

根据道路货物运输业特点，城市配送单耗情况主要用车公里能耗指标统计，干线运输单耗情况主要用吨公里能耗指标统计。

5.3.4.1 车公里能耗

不同燃料类型车辆车公里燃料消耗量差异较大，柴油车型、汽油车型车公里燃料消耗量对比如表 5-20 所列。

表 5-20 不同燃料类型车辆车公里燃料消耗量（1） 单位：L

企业＼项目	柴油		汽油	
	微型车	轻型车	微型车	轻型车
A	0.12	0.18	0.11	0.14
B	0.11	0.15	—	—
C	0.12	0.17	—	—
D	0.13	0.20	0.13	0.15

《指标体系》规定不同燃料类型车辆车公里燃料消耗量，如表 5-21 所列。

表 5-21 不同燃料类型车辆车公里燃料消耗量（2） 单位：L

车辆类型＼项目		Ⅰ级基准值	Ⅱ级基准值	Ⅲ级基准值
车公里汽油消耗	微型车	≤0.11	≤0.12	≤0.14
	轻型车	≤0.14	≤0.15	≤0.16
车公里柴油消耗	微型车	≤0.11	≤0.12	≤0.14
	轻型车	≤0.17	≤0.18	≤0.22

5.3.4.2 吨公里能耗

不同车型车辆吨公里能耗差异较大。中型车、重型车吨公里燃料消耗量如表 5-22 所列。

表 5-22 不同车型车辆吨公里燃料消耗量 单位：L

企业＼项目	柴油	
	中型车	重型车
A	0.026	0.016
B	0.028	0.017

续表

企业 \ 项目	柴油	
	中型车	重型车
C	0.028	0.017
D	0.031	0.022

《指标体系》规定不同车型车辆吨公里燃料消耗量如表5-23所列。

表5-23 不同车型车辆吨公里燃料消耗量 单位：L

车辆类型 \ 项目		Ⅰ级基准值	Ⅱ级基准值	Ⅲ级基准值
吨公里柴油消耗	中型车	≤0.026	≤0.028	≤0.030
	重型车	≤0.016	≤0.018	≤0.022

5.4 评价指标体系应用

5.4.1 应用案例一

本案例针对某公共交通运输企业进行计算说明。计算结果见表5-24。

表5-24 公共交通运输企业清洁生产指标计算结果

序号	一级指标	一级指标权重/%	二级指标	单位或比率	二级指标权重/%	Ⅰ级基准值	Ⅱ级基准值	Ⅲ级基准值	现状值	$S_{ij(Ⅰ/Ⅱ/Ⅲ)}$	P_{ij}
1	车辆以及辅助设施要求	15	车辆要求	—	2	车辆符合本市的排放要求，车辆车况在使用年限内			符合	100	2
2					1	车辆配备数据化收费系统			符合	100	1
3					2	具有监控管理功能、定位功能、车载能耗排放监测设备，具有车厢内监控系统等			符合	100	2
4					2	车辆按时添加尿素，并定期更换减排装置(SCR等)			符合	100	2
5			辅助设施要求	—	1	办公区域使用节能灯			符合	100	1
6					2	不使用国家及市政府已经明令淘汰的装备；如使用明令限期淘汰的装备，应列入整改计划①			符合	100	2
7			近5年车辆年平均更新率	%	5	≥20	≥15	≥10	25	100	5

续表

序号	一级指标	一级指标权重/%	二级指标	单位或比率	二级指标权重/%	Ⅰ级基准值	Ⅱ级基准值	Ⅲ级基准值	现状值	$S_{ij(Ⅰ/Ⅱ/Ⅲ)}$	P_{ij}
8	资源与能源利用指标	54	万公里综合能耗(按标准煤计)	t	10	≤5.2	≤5.5	≤5.8	5.3	93.33	9.33
9			万人次能耗	t	10	≤1.3	≤1.4	≤1.5	1.28	100	10
10			柴油车型百公里能耗 单机	L	5	≤35	≤37	≤39	38	70	3.5
11			柴油车型百公里能耗 铰接	L	5	≤40	≤43	≤45	46	0	0
12			柴油车型百公里能耗 双层	L	5	≤39	≤42	≤45	37	100	5.00
13			CNG车型百公里能耗 单机	kg	5	≤34	≤36	≤38	35.9	81	4.05
14			CNG车型百公里能耗 双层	kg	5	≤35	≤36	≤37	34.9	100	5
15			LNG车型百公里燃料消耗	kg 百公里	5	≤24	≤26	≤28	25.3	87	4.35
16			场站单位建筑面积综合能耗(按标准煤计)	kg/(m^2·a)	2	≤5	≤6	≤8	9	0	0
17			办公区域人均取水量	m^3/(人·a)	2	≤16	≤18	≤20	25	0	0
18	污染物排放指标	2	办公区域人均排水量	m^3/(人·a)	2	≤13	≤14	≤16	20	0	0
19	管理要求	29	执行国家机动车排放标准最新阶段限值车型比例	%	10	≥50	≥45	≥30	55	100	10
20			管理制度	—	2	符合国家和本市有关环境法律、法规；废水排放执行DB11/ 307、锅炉废气排放执行DB11/ 139、噪声执行GB 12348①			符合	100	2

续表

序号	一级指标	一级指标权重/%	二级指标	单位或比率	二级指标权重/%	Ⅰ级基准值	Ⅱ级基准值	Ⅲ级基准值	现状值	$S_{ij(Ⅰ/Ⅱ/Ⅲ)}$	P_{ij}
21	管理要求	29	管理制度	—	1	有明确环境目标和行动措施；有健全的公共安全、车辆安全、节能降耗、环保的规章制度；有定期检查目标实现情况及规章制度执行情况的记录			符合	100	1
22			组织机构	—	1	设置环境、能源管理岗位，实行环境、能源管理岗位责任制。重点用能系统、设备的操作岗位应当配备专业技术人员			符合	100	1
23			能源管理	—	1	有单车IC卡加油加气系统			符合	100	1
24					2	每辆车有每天的加油、行车记录			符合	100	2
25			环境管理	—	2	车辆空调设施定期清洗；通风设备的热交换器以及暖气和空调，定期清理。排风装置中的过滤设备，每周清洁一次			符合	100	2
26					5	一般固体废物按照GB 18599相关规定执行；危险废物按照GB 18597相关规定执行[①]			符合	100	5
27			培训管理	—	5	定期对驾驶员进行驾驶技能培训			符合	100	5
合计											85.23

① 限定性指标。

注：1. 公共电汽车客运业内汽修环节执行《清洁生产评价指标体系 汽车维修及拆解业》。

2. S_{ij} 是第 i 项定量一级指标下第 j 项定量评价二级指标的单项评价指标（j 对应Ⅰ、Ⅱ、Ⅲ不同等级）；P_{ij} 是第 i 项定量一级指标下第 j 项定量评价二级指标的单项评价考核分值（以下应用案例相同）。

结论：根据表5-24，该企业的综合评价指标值为85.23，企业清洁生产水平为二级，属于清洁生产先进水平企业。

5.4.2 应用案例二

本案例针对某城市轨道交通业进行计算说明。

表5-25 城市轨道交通业清洁生产指标计算结果

序号	一级指标	一级指标权重/%	二级指标	单位或比率	二级指标权重/%	Ⅰ级基准值	Ⅱ级基准值	Ⅲ级基准值	现状值	$S_{ij(\mathrm{I/II/III})}$	P_{ij}
1	车辆以及辅助设施要求	21	车辆要求	—	3	车辆符合行业行驶标准要求，车辆车况在使用年限内			符合	100	3
2					2	具有监控管理功能，定位功能，具有车厢内监控系统等			符合	100	2
3			站报系统等设备完好率	%	2	100	≥98	≥95	100	100	2
4			辅助设施要求	—	2	办公区域使用节能灯			符合	100	2
5					4	合理装置无功功率补偿设备			符合	100	4
6					8	不使用国家及市政府已经明令淘汰的装备；如使用明令限期淘汰的装备，应列入整改计划①			有淘汰设备	0	0
7	资源与能源利用指标	54	万人公里综合能耗（按标准煤计）	t	8	≤0.07	≤0.075	≤0.08	0.06	100	8
8			万人次能耗（按标准煤计）	t	5	≤0.58	≤0.62	≤0.66	0.56	100	5
9			万人公里电耗	kW·h	5	≤450	≤490	≤540	440	100	5
10			万人次电耗	kW·h	5	≤3720	≤4133	≤4546	3452	100	5
11			车公里牵引电耗	kW·h	8	≤1.8	≤1.9	≤2.0	1.92	76	6.08
12			万人公里牵引电耗	kW·h	6	≤275	≤285	≤305	276	98	5.88
13			车站照明系统电耗	kW·h/(m^2·a)	6	≤60	≤65	≤68	66	73.33	4.4
14			办公区域人均取水量	m^3/(人·a)	3	≤16	≤18	≤20	23.4	0	0
15			单位采暖面积耗天然气量	m^3/(m^2·a)	3	≤20	≤22	≤25	22	80	2.4
16			车站能耗（按标准煤计）	kg/(m^2·a)	5	≤12	≤13.5	≤15	12.5	93.33	4.67
17	污染物排放指标	3	办公区域人均排水量	m^3/(人·a)	3	≤13	≤14	≤16	18.72	0	0

续表

序号	一级指标	一级指标权重/%	二级指标	单位或比率	二级指标权重/%	Ⅰ级基准值	Ⅱ级基准值	Ⅲ级基准值	现状值	$S_{ij(Ⅰ/Ⅱ/Ⅲ)}$	P_{ij}
18	管理要求	22	管理制度	—	3	符合国家和本市有关环境法律、法规；废水排放执行 DB11/ 307、锅炉废气排放执行 DB11/ 139、噪声执行 GB 12348①			符合	100	3
19					3	有明确环境目标和行动措施；有健全的公共安全、车辆安全、节能降耗、环保的规章制度；有定期检查目标实现情况及规章制度执行情况的记录			符合	100	3
20			组织机构	—	3	设置环境、能源管理岗位，实行环境、能源管理岗位责任制。重点用能系统、设备的操作岗位应当配备专业技术人员			符合	100	3
21			能源管理	—	3	具有完善的计量系统，计量器具配备情况符合 GB 17167①			符合	100	3
22			环境管理	—	2	通风、制冷和供暖设备应强化日常维护及清洁管理，并配有监控系统			符合	100	2
23					3	车辆空调设施定期清洗；通风设备的热交换器以及暖气和空调，定期清理。排风装置中的过滤设备，每周清洁一次			符合	100	3
24					5	一般固体废物按照 GB 18599 相关规定执行；危险废物按照 GB 18597 相关规定执行①			符合	100	5
合计											81.43

① 限定性指标。

注：S_{ij} 是第 i 项定量一级指标下第 j 项定量评价二级指标的单项评价指标（j 对应Ⅰ、Ⅱ、Ⅲ不同等级）；P_{ij} 是第 i 项定量一级指标下第 j 项定量评价二级指标的单项评价考核分值（以下应用案例相同）。

结论：根据表 5-25，该企业的综合评价指标值为 81.43，企业清洁生产水平为二级，为清洁生产先进水平企业。

5.4.3 应用案例三

某出租车客运企业，其运营车辆全部为 1.6L 排量轿车。根据评价指标体系相关要求，计算评分前先要对无关项进行权重修正。由于本次审核不涉及资源与能源利用指标中 11、12 两项考核指标，因此对其权重进行修正（参见表 5-26）。

表 5-26　权重修正计算

修正系数			修正后各项指标权重		
原权重值合计 K_1	缺项后权重值合计 K_2	权重修正 A_1	一级指标	二级指标	三级指标
			9	10	13
36	20	1.8	18	14.4	3.6

表 5-27　出租车客运企业清洁生产指标计算结果

序号	一级指标	一级指标权重/%	二级指标	单位或比率	二级指标权重（K_{ij}）	Ⅰ级基准值	Ⅱ级基准值	Ⅲ级基准值	现状值	$S_{ij(\text{Ⅰ/Ⅱ/Ⅲ})}$	P_{ij}
1	车辆以及辅助设施要求	13	车辆要求	—	2	车辆符合本市的排放要求，车辆车况在使用年限内			符合	100	2
2					1	车辆配备数据化收费系统			符合	100	1
3					2	车辆有电召调度系统			符合	100	2
4					2	车辆符合 DB11/ T 223 相关规定			符合	100	2
5					1	制订新能源与清洁能源车辆推广计划			符合	100	1
6			辅助设施要求	—	1	办公区域使用节能灯			符合	100	1
7					2	不使用国家及市政府已经明令淘汰的设备			符合	100	2
8			OBD 报警装置配备率	%	2	≥90	≥80	≥75	100	100	2
9	资源与能源利用指标	36	万公里综合能耗（按标准煤计）	t	10（18）	≤0.75	≤0.95	≤1.15	1	75	13.5
10			单车百公里油耗 1.6L 型	L	8（14.4）	≤8.2	≤8.7	≤9.2	9.02	67.2	9.68
11			单车百公里油耗 1.8L 及以上车型		8	≤9	≤9.5	≤10	缺项	缺项	缺项
12			双燃料车百公里燃料消耗	L	8	≤7.6	≤7.8	≤8.2	缺项	缺项	缺项
13			办公区域人均取水量	m^3/(人·a)	2（3.6）	≤16	≤18	≤20	35.2	0	0

续表

序号	一级指标	一级指标权重/%	二级指标	单位或比率	二级指标权重(K_{ij})	Ⅰ级基准值	Ⅱ级基准值	Ⅲ级基准值	现状值	$S_{ij(\text{I/II/III})}$	P_{ij}
14	污染物排放指标	2	办公区域人均排水量	m^3/(人·a)	2	≤13	≤14	≤16	28.16	0	0
15	管理要求	28	执行国家机动车排放标准最新阶段限值车型比例	%	10	≥50	≥45	≥30	符合	100	10
16			管理制度	—	4	符合国家和本市有关环境法律、法规；废水排放执行[①] DB11/ 307、锅炉废气排放执行 DB11/ 139、噪声执行 GB 12348			符合	100	4
17					1	有明确环境目标和行动措施；有健全的公共安全、车辆安全、节能降耗、环保的规章制度；有定期检查目标实现情况及规章制度执行情况的记录			符合	100	1
18			组织机构	—	2	设置环境、能源管理岗位，实行环境、能源管理岗位责任制。重点用能系统、设备的操作岗位应当配备专业技术人员			符合	100	2
19			环境管理	—	2	车辆空调设施定期清洗；通风设备的热交换器以及暖气和空调，定期清理。排风装置中的过滤设备，每周清洁一次			符合	100	2
20					4	一般固体废物按照 GB 18599 相关规定执行；危险废物按照 GB 18597 相关规定执行[①]			符合	100	4
21			培训管理	—	5	定期对驾驶员进行驾驶技能培训			符合	100	5
22	服务特征	21	空驶率	%	8	≤34.5	≤35.5	≤37.5	34.4	100	8
23			出车率	%	8	≥85	≥80	≥75	88	100	8
24			电召成功率	%	5	≥66	≥64	≥62	64.5	85	4.25
合计											84.43

① 限定性指标。

注：1. 第 9、10、13 项（）中的权重值为修正后的计算值。

2. S_{ij} 是第 i 项定量一级指标下第 j 项定量评价二级指标的单项评价指标（j 对应Ⅰ、Ⅱ、Ⅲ不同等级）；P_{ij} 是第 i 项定量一级指标下第 j 项定量评价二级指标的单项评价考核分值（以下应用案例相同）。

结论：根据表5-27，该企业的综合评价指标值为84.43，清洁生产等级为二级，属于清洁生产先进水平企业。

5.4.4 应用案例四

本案例针对某道路货物运输企业进行计算说明。

表5-28 道路货物运输企业清洁生产指标计算结果

<table>
<tr><th>序号</th><th>一级指标</th><th>一级指标权重/%</th><th colspan="2">二级指标</th><th>单位或比率</th><th>二级指标权重</th><th>Ⅰ级基准值</th><th>Ⅱ级基准值</th><th>Ⅲ级基准值</th><th>现状值</th><th>$S_{ij(Ⅰ/Ⅱ/Ⅲ)}$</th><th>P_{ij}</th></tr>
<tr><td>1</td><td rowspan="4">车辆以及辅助设施要求</td><td rowspan="4">6</td><td colspan="2" rowspan="2">车辆要求</td><td rowspan="2">—</td><td>2</td><td colspan="3">车辆符合本市的排放要求，车辆车况在使用年限内</td><td>符合</td><td>100</td><td>2</td></tr>
<tr><td>2</td><td>1</td><td colspan="3">车辆具有监控管理功能，定位功能</td><td>没有监控管理功能</td><td>0</td><td>0</td></tr>
<tr><td>3</td><td colspan="2" rowspan="2">辅助设施要求</td><td rowspan="2">—</td><td>1</td><td colspan="3">办公区域使用节能灯</td><td>有部分白炽灯</td><td>0</td><td>0</td></tr>
<tr><td>4</td><td>2</td><td colspan="3">不使用国家及市政府已经明令淘汰的装备；如使用明令限期淘汰的装备，应列入整改计划[①]</td><td>有部分淘汰设备</td><td>0</td><td>0</td></tr>
<tr><td>5</td><td rowspan="9">资源与能源利用指标</td><td rowspan="9">55</td><td rowspan="2">车公里汽油消耗</td><td>微型</td><td>L</td><td>5</td><td>≤0.11</td><td>≤0.12</td><td>≤0.14</td><td>0.13</td><td>70</td><td>3.5</td></tr>
<tr><td>6</td><td>轻型</td><td>L</td><td>5</td><td>≤0.14</td><td>≤0.15</td><td>≤0.16</td><td>0.16</td><td>60</td><td>3</td></tr>
<tr><td>7</td><td rowspan="2">车公里柴油消耗</td><td>微型</td><td>L</td><td>8</td><td>≤0.11</td><td>≤0.12</td><td>≤0.14</td><td>0.15</td><td>0</td><td>0</td></tr>
<tr><td>8</td><td>轻型</td><td>L</td><td>8</td><td>≤0.17</td><td>≤0.18</td><td>≤0.22</td><td>0.23</td><td>0</td><td>0</td></tr>
<tr><td>9</td><td rowspan="2">吨公里柴油消耗</td><td>中型</td><td>L</td><td>8</td><td>≤0.026</td><td>≤0.028</td><td>≤0.03</td><td>0.022</td><td>100</td><td>8</td></tr>
<tr><td>10</td><td>重型</td><td>L</td><td>8</td><td>≤0.016</td><td>≤0.018</td><td>≤0.022</td><td>0.013</td><td>100</td><td>8</td></tr>
<tr><td>11</td><td colspan="2">库房单位建筑面积耗电量</td><td>kW·h/(m^2·a)</td><td>5</td><td>≤0.4</td><td>≤0.5</td><td>≤0.8</td><td>0.35</td><td>100</td><td>5</td></tr>
<tr><td>12</td><td colspan="2">单位快件量综合能耗（按标准煤计）</td><td>t/万件</td><td>6</td><td>≤0.8</td><td>≤1</td><td>≤1.2</td><td>0.9</td><td>90</td><td>5.4</td></tr>
<tr><td>13</td><td colspan="2">办公区域人均取水量</td><td>m^3/(人·a)</td><td>2</td><td>≤16</td><td>≤18</td><td>≤20</td><td>30</td><td>0</td><td>0</td></tr>
</table>

续表

序号	一级指标	一级指标权重/%	二级指标	单位或比率	二级指标权重	Ⅰ级基准值	Ⅱ级基准值	Ⅲ级基准值	现状值	$S_{ij(Ⅰ/Ⅱ/Ⅲ)}$	P_{ij}
14	污染物排放指标	2	办公区域人均排水量	m^3/(人·a)	2	≤13	≤14	≤16	12	100	2
15	管理要求	30	执行国家机动车排放标准最新阶段限值车型比例	%	8	≥30	≥20	≥10	15	70	7
16			管理制度	—	6	符合国家和本市有关环境法律、法规；废水排放执行 DB11/ 307、锅炉废气排放执行 DB11/ 139、噪声执行 GB 12348①			符合	100	6
17					2	有明确环境目标和行动措施；有健全的公共安全、车辆安全、节能降耗、环保的规章制度；有定期检查目标实现情况及规章制度执行情况的记录			符合	100	2
18			组织机构	—	2	设置环境、能源管理岗位，实行环境、能源管理岗位责任制。重点用能系统、设备的操作岗位应当配备专业技术人员			没有设置	0	0
19			环境管理	—	2	车辆空调设施定期清洗；通风设备的热交换器以及暖气和空调，定期清理。排风装置中的过滤设备，每周清洁一次			清洗频次极少	0	0
20					5	一般固体废物按照 GB 18599 相关规定执行；危险废物按照 GB 18597 相关规定执行①			符合	100	5
21			培训管理		5	定期对驾驶员进行驾驶技能培训				100	5
22	服务特征	7	空驶率	%	5	≤35	≤40	≤45	20	100	5
23			电子化货物配送率	%	2	≥60	≥40	≥20	45	85	1.7
合计											68.6

① 限定性指标。

注：S_{ij} 是第 i 项定量一级指标下第 j 项定量评价二级指标的单项评价指标（j 对应Ⅰ、Ⅱ、Ⅲ不同等级）；P_{ij} 是第 i 项定量一级指标下第 j 项定量评价二级指标的单项评价考核分值（以下应用案例相同）。

结论：该道路货物运输企业由于车辆使用年限较长，在车公里汽油消耗、车公里柴油消耗等方面均不能达到清洁生产标准要求。根据表 5-28，该企业的综合评价指标值为 68.6，低于三级清洁生产等级得分≥70 的要求，该企业没有达到清洁生产企业基本要求。

参考文献

[1] 黄莎，蒙井玉，王晓艺．中小城市公共交通评价指标体系研究[J]．交通信息与安全，2011，29（1）：32-36.

[2] 王炜，杨新苗，陈学武，等．城市公共交通系统规划方法与管理技术[J]．北京：科学出版社，2002.

[3] 张霞．城市常规公共交通发展水平综合评价指标体系研究[J]．鸡西大学学报，2005（3）：29-30.

[4] 姚雪珍．城市公共交通规划评价指标体系初探[J]．西北建筑工程学院学报，1999（1）：44-48.

第6章 交通运输行业清洁生产先进管理经验和技术

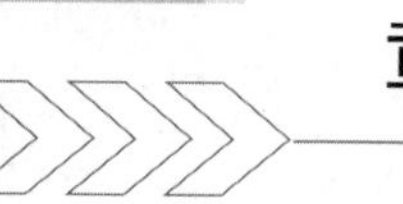

6.1 清洁生产先进的管理理念和方法

6.1.1 理念

开展交通运输行业清洁生产工作，需要将清洁生产理念运用于“人、车、管理”三个影响交通运输行业能耗的重要因素，推行“完善机制管理办法、调整车辆运力结构、采用先进信息技术手段、积极推广驾驶节能操作方法”等系列措施，形成一套行之有效的交通节能管理方法，提高全体职工节能减排的积极性和责任意识，营造“打造低碳高效交通企业”的良好氛围。

6.1.1.1 加强企业内部管理与目标考核制度建设

（1）建立节能减排目标考核制度，将节能目标细化分解到各个车队和具体岗位

每年应根据上年车辆的实际消耗水平和当年的车型路线匹配情况，及时修订完善相应的定额消耗标准。结合各车队实际，将总目标分解到各车队，该指标作为职能部门领导及基层领导专项奖。各车队根据线路、班次情况在“三节”（节油、节料、节胎）定额的基础上科学制定合理的油耗、气耗二级定额。各二级单位参照指标按月定时发放“三节”奖，对超耗人员进行考

核，在调动广大职工节能减排工作积极性的同时，鞭策后进人员认真整改。

（2）通过制定机务管理制度，重点加强对油料、材料、胎料定额管理的制度化、规范化建设

对燃油、燃气等施行集中采购，与大型企业建立长期合作伙伴关系，进行定点采购，在保证油品质量的同时，取得价优、保量的优惠采购政策。修理材料则采取比价采购、招标采购相结合的采购模式，对常规物资的采购，坚持同样产品比质量、同样质量比价格、同样价格比服务的“三比”原则，同时，坚持各类物资从合格供应方比价采购，按“供应方管理制度”对供应方进行评价，实行动态管理。

重点加强外部加油管理，对车辆油箱续航里程足够的班次，坚决不允许驾驶员在外加油。对于超长途物流车辆，采用人防、技防的办法，对全部车辆安装油耗仪，在外加油车辆报销时，对照油耗仪实际消耗和加油情况由专人逐一审核。

通过建立严格的各项统计数据上报、审批制度，对车辆的里程数、油耗、料耗、胎耗等数据实行月报、季报、年报统计、汇总和分析；定期开展全公司范围内的经济分析专题会议，对整个节能减排的效果进行综合分析、评估，并有针对性地提出整改建议，使节能降耗效果逐年提高。

6.1.1.2　合理调整车辆运力结构

（1）优化车辆运力结构，加快车辆更新力度

加快调整、优化公路运输运力结构，引导营运车辆向大型化、专业化方向发展。加快发展适合高速公路、干线公路的大吨位多轴重型车辆、汽车以及短途集散用的轻型低耗货车，推进厢式货车，加快形成以小型车和大型车为主体、中型车为补充的车辆运力结构，降低单位货物周转量的燃油消耗，与此同时，随着现代物流的发展，具有现代物流特征的货运企业运用网络系统和信息化技术整合运输资源，提高了货运组织化程度，降低了车辆空驶率，实现了节能减排。加快车辆的更新改造力度，不断提升车辆的新度系数，使车辆新度系数保持在75%以上。

（2）推进省际物流发展结点运输

北京市省际客运企业自 2002 年起开始在京沪高速公路沿线设立 8 个配载驿站，投入 20 辆高三级运营客车开展结点接驳运输试点。实践证明，开

展结点运输是减少车辆空驶、提高车辆实载率、节能降耗的有效措施。

6.1.1.3 严格按维保工艺执行，加强修旧利废，倡导绿色维修

根据行业标准不断完善车辆保修工艺，并贯彻落实车辆维护、一保、二保的维护工艺，提高车辆技术状况，定期开展技术大练兵，将维修水平和节油、节料、节胎有机结合起来。

注重加强修旧利废，倡导绿色汽修。对车辆总成件损坏，坚持能不换总成尽量不换的原则，对损坏部件进行整修，并在现有整修品种基础上，通过增加整修所需修理包或配件库存，逐步扩大整修件种类；加强车辆维修人员清洁生产意识的教育培训，指派专人负责，采取较合适的奖励政策，鼓励其他修理工参与到专项整修项目中。

6.1.1.4 大力发展智能交通技术

通过安装在客车上的车载终端采集发动机运行数据（转速、转矩、机油压力、机油温度、进气温度、大气压力、蓄电池电压、瞬时油耗、累计喷油量、累计运行时间等）、驾驶行为数据（车速、里程、ABS动作次数、刹车次数、离合器动作次数、缓速器动作次数、空调开启时间、加热器开启时间、前门开启次数、中门开启次数、倒车次数等）、车辆故障信息（发动机故障、空滤器报警、刹车蹄片报警等），以及GPS地理位置等信息，实时传递至数据处理中心进行分析、整理，将驾驶员不良驾驶行为、油耗数据、车辆运行情况、维修保养计划等内容以直观的报告、图表等形式展现出来，为管理过程中的各个环节提供翔实的量化依据。

围绕驾驶员管理、车辆管理和线路管理三大管理重点，运用车辆监控运营系统对驾驶员的不良驾驶行为进行实时监控，规范了驾驶操作，降低安全隐患，控制燃油消耗；通过对车辆技术状态实时监控，实现车辆故障远程诊断，保证车辆正常技术状态；通过对车辆运行过程的综合监控与分析，辅之以车辆调整等技术措施，使车辆技术、性能与运行线路环境完美匹配。

6.1.1.5 推广驾驶节能技术

驾驶员操作对汽车燃料消耗量有较大影响。编制《汽车驾驶节能操作规范》，要求驾驶员做到熟悉车辆技术状况及配置、运行线路；适当预热、柔

和起步；及时换挡；选择经济车速；带挡滑行，提前处理路障；保持轮胎气压正常；合理使用空调等。

为了普及节能知识，提高节能意识，企业需开展驾驶员岗前资质审查、驾驶节能培训；对所有驾驶员举办驾驶员规范操作（节能）知识讲座；在公司内部组织驾驶节油选拔赛的基础上，集中训练，参加市、省、全国驾驶节能操作竞赛；通过开辟宣传栏等方式，开展节能宣传活动；搭建学习交流平台，共享获奖驾驶员的操作经验；结合车型、班线的特点，制定燃油消耗定额及考核办法，强化定额考核。

6.1.2　方法

交通运输行业清洁生产管理工作需要针对试点企业开展活动，通过对试点单位开展清洁生产工作的效益进行分析，围绕“节能、降耗、减污、增效”和企业形象等方面，形成系统科学的清洁生产管理办法。

1）控制柴油车尿素的使用，减少氮氧化物的排放　现有柴油车单位柴油尿素消耗量较低，造成氮氧化物未经还原反应就排放，污染环境。可提高驾驶员清洁生产意识，提高柴油车尿素利用率，从而减少氮氧化物的排放。

2）严格监督车辆，加强维护和保养　车辆发动机设备老化，造成漏油，燃油效率降低，增大了燃料的消耗。公交公司应按驾驶员上报行驶里程数，实时监督，对车辆实施维护保养。

3）客车车载空调消耗燃料，科学使用空调节能效果明显　在保证制冷效果的同时，降低燃料消耗是每位司机的必备经验。夏季车辆停驶后，应先打开车窗行驶几分钟，热气散发后再关车窗；如果直接关严窗户，热气短时间内驱散不尽，会相对延长空调压缩机的工作时间，增加燃料消耗。

4）合理延长车用润滑油使用周期　依据车辆使用条件、运行强度和润滑油的品质差异，选取不同品牌、车型、使用工况的营运客车，进行润滑油不同使用里程的运动黏度变化率、闪点、水分、总碱值、不溶物（铁、铜、铝金属磨损情况和硅含量）等质量指标的检测分析，在保障车辆正常技术状况的前提下，延长车用润滑油使用周期，减少润滑油消耗，降低换油频率，节约车辆维护成本。

5）根据运营客流情况进行行车优化　城市轨道交通车辆的旅行速度与能耗相关性十分显著，微小的旅行速度差异可以带来巨大的能耗差异，这就使得低峰时段发车密度不高时可以通过优化运行时分来节约能源。城市轨道交通运营公司通过合理调整运营时分，可在高峰时按设计旅行速度全速运行确保大运量输送，在低峰时段则按照适当降低的速度运行以实现节能。

6）加强三元催化器的定期检修和更换管理　司机对三元催化器检修和更换不及时，易造成污染。定期组织三元催化器相关知识培训和宣传，并进行车辆三元催化器的抽查。

7）定期检查车容车貌，确保车辆干净整洁，符合运营要求，提高服务质量。

8）加强对运营驾驶员的教育培训，培养其节油意识，提高其驾驶技术和节油技能。

9）对办公区用电、用水等非车辆用能的计量器具配备情况进行审核，制定相关配备标准，进一步完善能源管理工作。

10）开展企业节能宣传周活动，宣传节能减排意义，提高全体员工的责任意识和环保意识。

通过实践能够发现，这些常规的清洁生产方案可以在交通行业企业当中得到广泛应用。

6.2　清洁生产先进技术

6.2.1　节能技术

6.2.1.1　公共电汽车客运节能技术

（1）发动机ATS节能改造技术

传统公交车冷却系统源自卡车无中冷器的单散热形式，由发动机曲轴通过皮带传动，直接驱动冷却系统风扇进行散热。这种冷却系统存在非温控、非散热时仍连续驱动、非独立串联换热器组的“三非”特点，导致传统冷却系统功耗较大，占发动机功率的10%以上；风扇噪声高，大部分车辆运行噪声大于83dB；发动机的热效率低、排热差，实际运行油耗与台架试验差距太大；水、气温度偏差大，经常出现夏天开锅冬天过冷现象。

将传统冷却系统改造为智能恒温节能冷却系统（ATS系统），技术核心就是将中冷器、散热器分开独立布置，同时采用电驱动风扇作为冷却风源，在散热器进出水口及中冷器出气口均装配独立的温度传感器，ECU 通过传感器实时上传温度信号，与设定程序进行逻辑比较运算，输出 PWM 脉宽调制信号驱动风扇，从而使风扇实现无级变速功能，以此保证发动机进水、进气温度始终保持最佳状态。ATS 系统与传统冷却系统相比，节能优势明显，可节约燃油消耗 6%以上，同时具有降噪、减排及提升发动机功率的效能，是原创性的具有行业先进水平的冷却系统。

北京某公交公司 2011 年已对不同车型车辆安装了 ATS（新型发动机智能恒温节能冷却）系统，样车运行良好，换装方案比较成熟。鉴于该项目实施以来取得良好的效果，建议加大投资力度，将 ATS 系统应用到更多的公交车辆中。公交车 ATS 系统如图 6-1 所示。

图 6-1　公交车 ATS 系统

（2）液力缓速节能技术

汽车液力缓速节能系统利用高科技手段，以液压形式将汽车运行中浪费掉的制动能、振动能、发动机怠速的富余能接收回来，通过转换方式，将势能转变为动能释放出去，推动汽车高速行进，起步时发动机无需参与工作，从而最大程度上实现了节能减排效果。

液力缓速节能器既可以在新车上加装，也可以在旧车上改装，比传统车辆多安装一个圆形气压表。当气压指针指向 20 后表示能量回收完成，这时公交车即可在空挡模式下自动完成起步工作（见图 6-2）。

(a) 气压表

(b) 液力缓速节能器

图 6-2　公交车上指示回收能量的气压表及液力缓速节能器

传统柴油动力车型加装液力缓速节能器后，可实现制动能量的回收利用，大幅提升了能量的利用率，耗油量得到了很好的控制，可以实现 20% 左右的节油，同时，加装液力缓速节能器的柴油车在起步、加速时利用储存的液压能进行驱动，避免了黑烟的产生，可减排 40%；而它拥有的缓速功能也提高了车辆制动效能，增强了安全保障；并且该节能系统结构简单，维修方便，购置成本和使用成本较低，有很出色的性价比。

据某公交公司测算，安装液力缓速节能器后，每辆车全年可以节约成本约 4.46 万元，每车每年可以减少二氧化碳排放 1.5 吨左右，较少的刹车片磨损降低了采购维修成本，减少的换挡次数可以减轻驾驶员劳动强度，提高行车安全。如果全国有 10000 辆同型号的液力缓速节能公交车，全年可节约燃油费 4.46 亿元，全年可减少二氧化碳排放 1.5 万吨，减少其他有害气体排放 4950 吨（以上计算不包括起步阶段发动机排放的黑烟等有害气体）。

（3）燃油加热装置节能改造技术

燃油在低温条件下结蜡导致发动机供油系统受阻，从而影响车辆的行驶。通过燃油加热装置的实施，可以使柴油车辆、公交车辆在冬季使用低标号柴油，以达到降低公交车辆运营成本的目的。

众所周知，电流通过电阻会产生热量，燃油加热装置正是应用这个原理而产生的，通过发热体产生热量使燃油的温度升高，避免燃油在低温条件下结蜡。燃油加热装置对低压供油管路安装电热丝；对油箱安装油箱加热器；

对滤清器安装滤清器加热器；电器系统安装包括各加热器约束的连接、接线盒、操作面板的安装。通过以上措施，在柴油供油系统中的油箱、油管、滤清器等处采用加热装置，利用车辆蓄电池和发动机作为电源加热，消除柴油中的结蜡，从而保证油路通畅，满足发动机启动和正常运转的需要，使燃烧更完全，油耗可降低 1%～5%。燃油加热装置结构如图 6-3 所示。

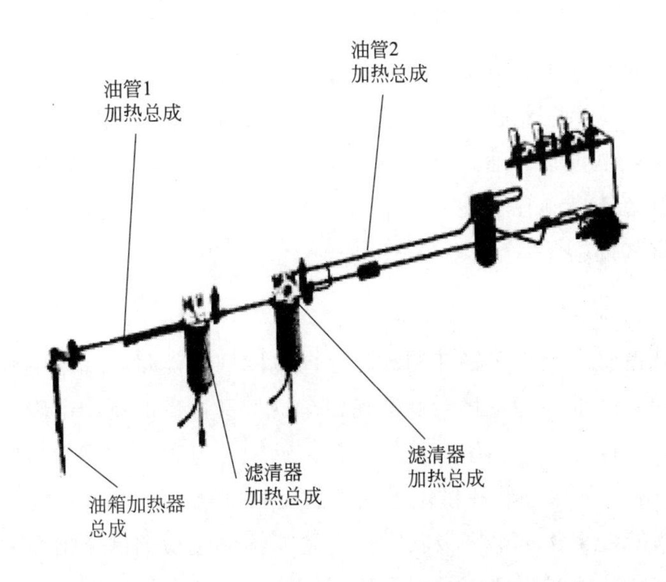

图 6-3　燃油加热装置结构

燃油加热系统具有良好的经济效益性，对车辆电路的影响也较小，后期维护工作难度不大，是企业节能降耗的良好措施。北京某公交公司实施柴油车燃油加热装置节能改造项目以来取得了良好的节能效果，建议在柴油公交车系统推广该技术。

(4) 优化主减速器速比节能技术

当发动机等主要总成部件均已确定之后，主减速器速比选择是否得当，关系着所选动力是否能够得以充分发挥。它不仅影响最高车道、加速时间，还影响汽车的燃油经济性。

某运输集团公司通过随车对车辆运行状况进行分析，参照发动机特性曲线，发现车辆常用工况处于发动机有效速比油耗较高的区域，且主减速器增扭作用偏大。通过计算分析，对 JS6100H 型车辆主减速器的主、被动齿轮进行了更换，将主减速器速比由原来的 5.571 调至 4.11，使车辆在常用行驶速度（90km/h）下，发动机转速由2650r/min降至2000r/min，在常用工况下处于有效比油耗较低的区域，取得了较好的节油效果。

企业可在采购车辆时，根据线路、班次特点及道路条件，与客车制造商进行沟通，把合理选择车辆的主减速器速比作为指导公司购车的重要依据。

6.2.1.2 城市轨道交通节能技术

城市轨道交通能耗系统主要包括车辆、供电、信号、通信、环控、火灾报警、自动售检票、给排水与消防、设备监控系统、安防系统、安全门、电扶梯系统等耗电设备。通过节能设计，促进标准化建设、优化机电设备选型，可促进节能措施在上述系统中的应用，使现代城市轨道交通在节能技术方面实现重大创新。

（1）再生制动能量利用技术

由于城市轨道交通车辆在制动时会向电网回馈能量，如果电网的吸收能力不足的话，多余的能量将会被消耗在车辆自身携带的制动电阻或是摩擦空气制动上，这样能量的利用率就较低。车辆制动过程中的能量再生回馈情况如图6-4所示。如果能够在供电电网中加装列车再生能量吸收装置，一旦车辆再生回馈能量无法被电网吸收，该装置能够通过检测网压抬升来迅速投入工作，将多余的能量反馈回供电变压器一侧或其他中压供电系统中去。该项目不仅节约电能，而且延长了车轮及轨道的使用寿命。

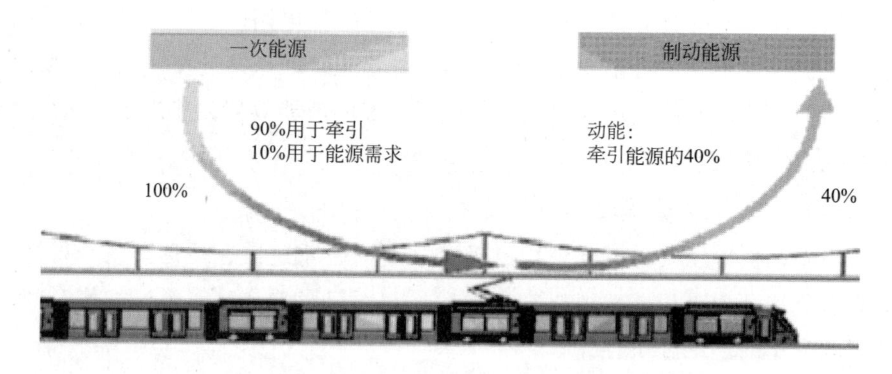

图6-4 城市轨道交通车辆制动过程中能量再生回馈

新加坡轨道交通率先在供电系统中加装再生能量吸收装置，目前北京轨道奥运支线、10号线及京港地铁等也已建立再生电能吸收系统，有效利用轨道车辆制动能量，可节约的能源占线路总能耗的 5%以上。

(2) LED 绿色照明改造技术

城市轨道交通系统一般每隔 1～1.5km 设置一个车站，车站可以设置在地下、地面和高架上。受我国城市土地资源的匮乏和既有道路、房屋难以拆迁的限制，绝大多数城市轨道交通车站修筑在地下。根据北京、上海、广州等城市中型轨道最新的能耗统计，车站所消耗的照明能耗约占轨道总能耗的 10%，因此照明灯具节能改造十分重要。

传统日光灯灯管、灯丝通过镇流器加热发出电子，电子碰撞氩原子产生非弹性碰撞，氩原子碰撞后获得了能量又撞击汞原子，使其产生电离发出紫外线，紫外线激发荧光粉发光，其发光效能为 60lm/W（1lm＝5.40×10Hz）左右，寿命在 6000h 左右。而 LED（light emitting diode）是一种具有两个电极的半导体发光器件，流过小量电流就会发出可见光，它是以半导体芯片为材料的固态光源，依靠电子空穴复合发光，将电能转换成光能，发光效率高达 80%以上。LED 能耗仅为白炽灯的 10%，荧光灯的 50%，它采用固体封装，寿命是荧光灯的 10 倍，白炽灯的 100 倍；它无需使用玻璃真空封装，不产生毒气和汞污染。

LED 绿色照明技术近几年已非常成熟。可在确保照度满足使用及规范要求的前提下，将轨道既有线路车站、停车库、区间及列车客室相关区域内传统日光灯管更换为使用寿命长、耗电量小的 LED 光源，最大限度地降低灯管运行电耗，以此达到节能效果。通过对已完成项目的测算，使用 LED 灯替换普通日光灯灯源，可节约电能 40%以上，在轨道各站区间推广效果可观。

(3) 车站空调及通风系统节能改造技术

轨道交通地下车站内部空间广、发热量大，为维持其热环境，通风空调系统的风机、冷水机组、空调机组的装机容量较大。根据上海轨道交通运营线路的能耗统计数据分析，地下车站通风空调系统能耗占车站总用电量的 50%～60%，占整个轨道交通能耗的 25%～30%，系统用电成本占运营成本约 30%，对轨道交通运营经济性影响较大。因此，降低通风空调系统能耗对轨道交通车站的节能具有十分重要的意义。

1) 地下车站空调通风系统智能控制技术　地下车站空调通风系统智能控制技术主要是根据轨道站内控制参数的变化，建立适合轨道交通通风空调系统变频节能的方式方法。开发合适的空调通风变频智能控制系统，合理地调节空调系统的风机转速，研究适用不同环境的控制模式，通过试验运行，解决环控系统的能量最优问题，满足顾客舒适度最佳和能量消耗最低的要求，从而达到推广变频节能控制的目的。

在上海轨道交通 2 号线东延伸 8 座地下车站及 10 号线 29 座地下车站推广采用地下车站空调通风系统智能控制技术后，2 号线东延伸年节电量约 471 万千瓦·时，10 号线全线年节电量约 4532 万千瓦·时，合计年节约 5003 万千瓦·时，节能潜力巨大。

地下车站空调通风系统智能控制技术适用于轨道交通既有运营车站及新建车站通风空调系统的节能环保设计或改造。

2）车站空调水系统变流量智能控制技术　车站空调水系统变流量智能控制技术主要是针对轨道交通车站空调水系统能耗特点，研究形成空调水系统变流量模糊控制的节能技术。通过全面采集车站空调水系统各种运行参量，集合计算机技术、模糊控制技术、系统集成技术、变频调速技术等，进行数学建模和软件编程，形成上位机中央控制器处理系统软件与各分支系统控制软件组成的系统网络。系统根据负荷的变化，对车站空调水系统中的各个循环系统进行综合控制，实现整个车站空调水系统的高效运行和节能。车站空调水系统采用变流量模糊控制节能技术后，能够很好地解决传统的控制技术所存在的诸多问题；可以根据环境及负荷的变化择优选择空调系统的运行参数，实现运行参数的动态检测和在线调节，实现车站空调水系统的变流量模糊控制和高效运行。经过技术试点发现，车站空调水系统总体的节能效果较好。

轨道交通车站空调水系统变流量模糊控制节能技术在上海轨道交通 2 号线、4 号线共 8 座地下车站空调循环冷却水系统中采用合同能源管理模式应用了该项技术。经测试，在满足运营安全的条件下，实现 8 座车站空调水系统总体平均节能率约 23.1%，取得很好的应用效果。

空调水系统变流量智能控制技术适用于轨道交通既有运营车站及新建车站通风空调系统的节能环保设计或改造。

3）冰蓄冷集中制冷技术　目前，国内轨道中通风与空调系统所采用的空调制冷方式为常规的空调制冷方式。考虑到轨道空调负荷峰谷差极大且城市电网采用分时计费，当峰谷电价差绝对值达到一定数值时，冰蓄冷技术的经济性就优于常规制冷系统。在高峰期段电力不足地区，也可以采用冰蓄冷空调系统作为缓解供电网高峰期电力不足的措施。

冰蓄冷制冷与常规空调系统制冷的重要区别在于：冰蓄冷制冷机运行制作的低温冷媒，并不直接用于空调机组去降低空气温度，而是用于降低其制冷系统中增设的中间设备——蓄冰池内的储冷介质温度，使储冷介质温度降低直至发生相变，通过储冷介质相变所需的汽化潜热将冷量储存于蓄冰罐中。当空调需要使用冷源时，作为载冷剂的冷媒与储冷介质交换能量后，再去空调机组调节空气温度。

冰蓄冷集中制冷技术相对于常规空调的优点在于：a. 均衡电力负荷，实现“削峰填谷”，有利于电网管理和充分利用能源；b. 减少轨道电力系统的总容量，相应地减少了其他配套专业设备的初期投资和运行费用；c. 冰蓄冷系统始终处于满负荷运行状态，客观地提高了系统设备运行效率，避免了常规制冷系统长期处于“大马拉小车”的低效率运行状态，有利于降低能耗和运行成本；d. 在国内轨道设计中一般是每个车站单独设置制冷站，并采用螺杆式制冷机组。而集中制冷站是利用大型冷水机组生产冷水通过输水管路输送到各个分散用户，这样可以节约每个用冷单位的制冷设备和机房面积，合理调配各单位的用冷负荷。

冰蓄冷集中制冷站目前已在广州地铁中应用，在集中制冷站内设置大功率离心式冷水机组，与螺杆式相比可以将 COP 值从 4.5 提高到 5.1，可减少约 13.3%的冷冻机功率。以一模拟集中制冷站为例，假设该制冷站为 4 个车站服务，布置在 4 个车站的中间地带，总冷负荷为 3900kW，选用 1300kW 的离心式冷水机组 3 台，冷冻机功率减少 102kW。在不增加消耗电能的情况下建造集中制冷站可以为每个车站节省地下面积 $60m^2$，缩短车站长度 5m，减少土建造价约 200 万元，同时由于电网采用“峰谷平”电价计费，所以可节约大量运行电费。

综上所述，采用冰蓄冷空调系统可以实现“削峰填谷”，对城市电网起到调峰功能。在电价低谷段蓄冰，电价高峰段融冰释冷，电平段制冷剂制冷，节约运行费用。

(4) 车辆 CO_2 浓度自动调节新风和制冷量技术

车辆空调通风系统的能耗一般要占到辅助系统能耗的 80% 以上。为降低空调系统的能耗，必须采用能够根据载客量或 CO_2 含量自动调节新风和制冷（热）量的节能技术。CO_2 浓度调节空调新风量节能技术，主要采用 CO_2 探头采集空间的 CO_2 浓度，通过传感器传至智能分析控制器并发出指令，从而控制电动微分调节风阀，以达到调节和控制新风量一直处在最佳节能运行状态。在客流稀少的早晨和夜间，降低车厢内部的新风量可避免不必要的冷（热）气的流失，从而达到节能的目的。上海地铁已在4、5号线上进行了两年多的空调通风的试验，试验结果表明可节约高达30%的能耗。上海地铁11号线396节A型地铁车辆上设计配置了具有4挡制冷调节和2挡新风调节的792台节能型空调机组，相比传统的二挡制冷调节和无新风调节的空调机组，年节能可达400万千瓦·时以上。空调机组新风调节如图6-5所示。

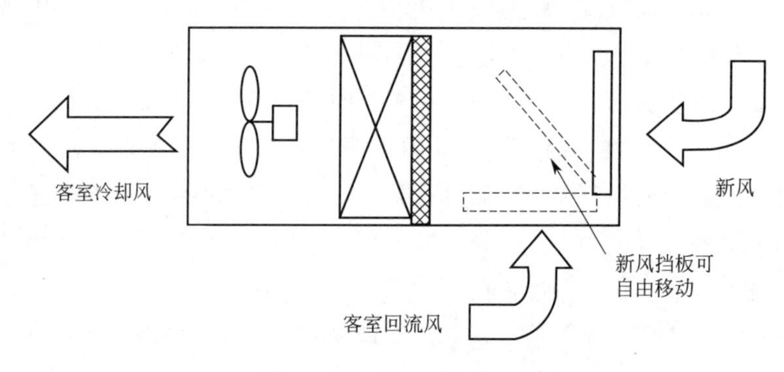

图6-5　空调机组新风调节

（5）电梯节能技术

1）扶手电梯自动感应节能技术　相对于本来就间歇工作的普通垂直电梯，扶手电梯由于具有连续运载、方便快速、运力大的特点，在地铁车站具有直梯无可替代的作用，发展十分迅速。但也正是由于它连续运行，所以在空载率较高时浪费电力和机械磨损高的缺点也十分突出。目前，北京、上海、深圳等地地铁扶手电梯都广泛使用红外线自动感应节能技术，实现对电梯的“智能化”管理。

扶手电梯自动感应节能技术主要是利用人体热释红外检测模块的传感器，将该传感器安置在自动电梯的两端。当人与电梯的距离在1m以内时，电梯两端所安置的人体红外检测模块的传感器就会对人体发出的红外线进行感应，当人在此距离内停留的时间大于10s时，则该传感器就会将有人乘坐电梯的信号传给制动的装置，装置输出高电平，带动电梯运转。电梯运转可设置两种模式。

① 进出口处设红外线探头，使用人靠近端口时，电梯自动启动全速运

行；进出口处探头一段时间没有感应信号，表示梯上已无人，电梯停止，进入待命状态，直至有人靠近再重新启动。这种模式，在无人乘坐时电梯自动停止，节省电力，同时也减少机器磨损，主要用于人流很不均匀，电梯空载率较高的场所。

② 进出口处设红外线探头，安装电机交流变频装置。电梯开启后一段时间无人乘坐，电梯降频慢速运行；有人进入入口时，电梯快速进入全速运行状态；进口和出口处探头一段时间没有感应信号，表示梯上已无人，电梯重新进入变频运行状态。这种方式适合人流稍多，无需安全停机的场合。

红外自动感应扶手电梯灵敏度高、运行可靠、应用广泛，适用于各轨道站推广。

2）垂直电梯再生能量回馈技术　简单的电梯系统由轿厢、曳引机以及对重等组成，通常对重的重量是电梯满载时的47%左右，因而当电梯运行在空载或者轻载时轿厢的重量小于对重，电梯运行在重载或者满载时轿厢的重量大于对重，这就造成了曳引机始终处于耗电做功与发电运行之间切换的状态。电梯运行过程中重载下行或者轻载上行时，曳引机工作在二、四象限，处于发电状态，能量累积在直流母线侧电容上形成较高的泵升电压，这部分能量叫作可再生电能。产生的再生电能传输到变频器的直流侧滤波电容上，产生泵升电压，严重威胁系统的工作安全。目前，控制泵升电压的普遍方法是通过在直流母线上接一个能耗电阻，将能量释放。这种方法电梯在工作中制动频繁并带位势负载运行，一方面造成能量严重浪费；另一方面电阻发热，使得环境温度升高，影响系统工作的可靠性。电梯再生能量回馈系统的作用就是将储存在变频器直流侧电容中的电能及时逆变为交流电，并回馈给电网，从而达到节能的目的。电梯节能能量逆变回馈系统如图6-6所示。

目前北京轨道10号线、杭州轨道2号线、昆明轨道1、2号线等垂直电梯已安装再生能量回馈系统，平均可省电44%～70%。

6.2.1.3 出租车客运业节能技术

（1）出租车油改气技术

油价高涨，给交通运输行业带来越来越大的成本压力，尤其是城市公共交通。城市出租车有用油数量大、车票价格不能随便浮动的特征，因此油价上涨将直接导致企业成本增加。于是，寻找成品油的替代能源又一次成为人

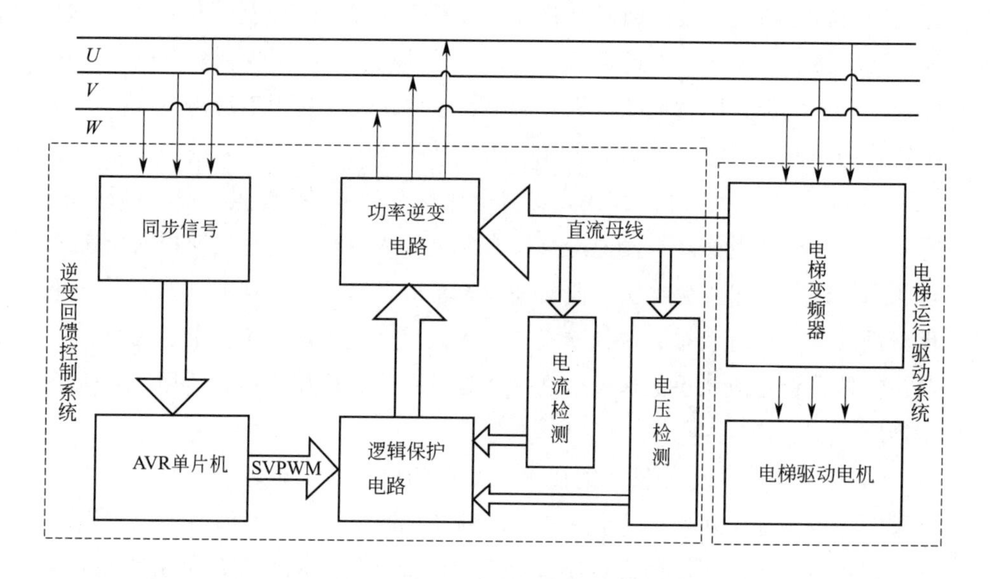

图 6-6　电梯节能能量逆变回馈系统

们所关注的话题。2020 年，中国城市公交车和出租车将达到 194 万辆，随着成品油价格的不断攀升、天然气供应量逐渐充足、加气站网点布局的规模化和网络化，发展 CNG 出租车将成为解决能源问题和环境问题的重要途径。

出租车油改气即将出租车燃烧汽油改为燃烧天然气或燃烧汽油和天然气的双燃料车。CNG 双燃料汽车采用定型汽油车改装，在保留原车供油系统的情况下，增加一套“CNG 型车用压缩天然气装置”。改装部分由以下 3 个系统组成。

1）天然气系统　主要由充气阀、高压截止阀、天然气钢瓶、高压管线、高压接头、压力表、压力传感器及气量显示器等组成。

2）天然气供给系统　主要由天然气高压电磁阀、三级组合式减压阀、混合器等组成。

3）油气燃料转换系统　主要由三位油气转换开关、点火时间转换器、汽油电磁阀等组成。

天然气钢瓶瓶口处安装有易熔塞和爆破片两种保险装置，当气瓶温度超过 100℃或压力超过 26MPa 时，保险装置会自动破裂卸压；减压阀上设安全阀；气瓶及高压管线安装时，均有防震胶垫，卡固牢固。该系统在使用中安全可靠。

天然气汽车的污染排放大大低于以汽油为燃料的汽车，尾气中不含硫化物和铅，一氧化碳降低80%，烃类化合物降低60%，氮氧化合物降低70%。天然气汽车有显著的经济效益。一是可降低汽车营运成本。目前天然气的价格比汽油和柴油低得多，燃料费用一般节省50%左右，使营运成本大幅降低。由于油气差价的存在，改车费用可在半年之内收回。二是可节省维修费用。发动机使用天然气作燃料，运行平稳、噪声低、不积炭，能延长发动机使用寿命，不需经常更换机油和火花塞，可节约50%以上的维修费用。

(2) 安装PCV节能减排器

PCV（曲轴箱强制风系统）是目前现代汽车发动机中一个不可缺少的系统，其主要目的是将发动机内部化合物（首次燃烧后的产物）重新引回发动机，从而达到二次燃烧，实现节能环保效果。然而，现有的PCV系统并不是很完善，首次燃烧后的油蒸气和原汽油、油泥渣污物、颗粒物会再次进入气缸，从而使得延迟点燃，降低发动机效率，增加烃类化合物、一氧化碳等有害气体的排放，并且部分颗粒物会对气缸壁及活塞环造成损害。PCV节能减排器是利用纯物理原理，发动机工作时，由PCV系统抽吸的曲轴箱废气通过进口软管进入PCV节能减排器，进入的气流形成旋涡状，产生高速旋流。混合气在高速旋转时，可以使混合气中未燃烧的烃类化合物、油、颗粒物和气态燃烧副产物从曲轴箱排放物中分离出来，分离出来的油和颗粒污物留在筒体底部，而可燃烧性气体被引导出PCV节能减排器，再通过PCV系统软管进入发动机进气管，随着进气气体进入发动机气缸进一步燃烧。由于分离出来的油和颗粒污物留在筒体底部不参与燃烧，从而保护了发动机，延长了发动机的寿命，同时相应减少了烃类化合物（HC）与氮氧化物（NO_x）的产生，达到了直接的减排效果。

安装PCV节能减排器，第一，曲轴箱中的废气被收集、分离、利用，将可燃烧的气体再次送入发动机，减少了活塞做功过程中的燃油供量，达到了直接节油的效果；第二，通过节能器分离出来的油和颗粒物留在筒体底部，这样就保护了发动机，延长了发动机寿命；第三，相对减少了发动机排出的尾气中的有害物质，达到了良好的直接减排效果。另外，节能器能最大限度地使燃烧室的混合气体均匀化，使其尽可能得到充分燃烧，也有效地克服了没有燃烧的混合物窜入发动机，从而克服了发动机因窜气导致机腔压力增大所产生的漏气、漏油现象。PCV 节能减排器及车辆安装情况如图 6-7 所示。

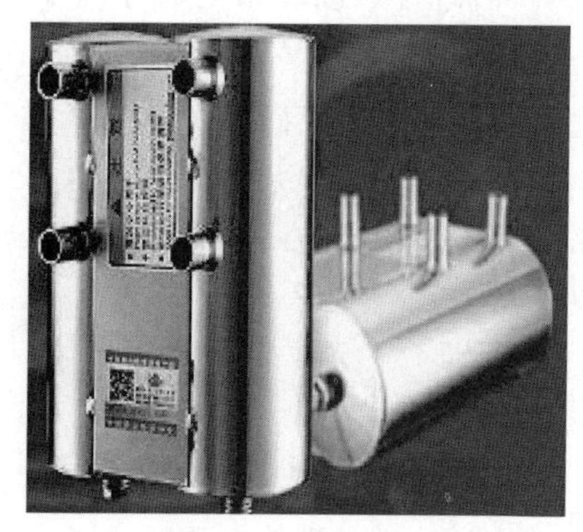

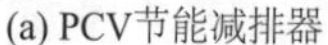
(a) PCV节能减排器

(b) 车辆安装情况

图 6-7　PCV 节能减排器及车辆安装情况

某地区组织了 20 台出租车安装 PCV 节能减排器进行相关实际路况测试。测试结果显示，20 台车辆的油耗平均节油率可达 10%～20%、可提升动力效率 5%～10%，安装 PCV 节能减排器后发动机更加平稳，噪声明显减低 2～3dB（分贝），还有效减少了汽车尾气排放中的一氧化碳和氮氧化合物。

（3）汽车机液无级变速混合动力节能技术

“汽车机液无级变速混合动力系统”最大创新点是在现有车型的基础上，采用液压泵/液压马达与机械行星轮系结合的创新方案，设计出一种新型机液混合无级变速装置，可以同时实现高效无级变速传动和混合动力驱动两种方式，达到节能效果。经国家权威检测部门对采用该技术改装的试验样车测试，取得节油 20%～36%的效果。除能够节油外，采用该系统的汽车发动机经常工作在高效低排放区，降低其运行时的尾气排放，在城市低速路况下，采用双模式运行，既避免了传统的发动机怠速高污染，也可消除传统的驻车熄火后发动机频繁启动带来的附加污染。该系统成本接近现有的自动变速器，是国外具有相当好节油效果的油电混合动力系统成本的 20%～30%。专家认为该系统成本低、安全性好、寿命长，具有非常好的市场化前景。

该技术不仅可以在新车上使用，还可以对老车型进行改装，具有很强的现实应用前景；成本较低，易于规模化生产，与现有的油电混合动力系统相比，该装置成本仅为 2 万～3 万元；可扩展前景好，未来动力电池技术取得新的突破，该装置还可以很方便地集成电机起到辅助驱动的功能。

据测算，一辆安装这套系统的出租车如果每天行驶 400km 可节油 10L，节省运营成本 50 元左右，一年可节油约 3500L，大约相当于节省 17500 元。如果这项技术能在全国上百万辆出租车上推广应用，每年节油价值可达上百亿元。

6.2.1.4 道路货物运输业节能技术

（1）陶瓷合金修复产品应用

物流营运车辆因机械磨损易造成使用效率低、能耗大、尾气排放超标、维修费用增加等问题，为提升营运车辆机械的整体性能，使运输车辆达到“高运用率、低维修率”的目的，可加注陶瓷合金修复产品。

陶瓷合金修复产品（见图 6-8）通过高能机械合金化陶瓷合金耦合方式，利用机具极压摩擦高压导致的局部高温驱动化学热裂解反应，将陶瓷合金键结于机具摩擦表面。生成的陶瓷合金材料显示出超硬、超润滑、超耐磨、超耐高温、高抗腐蚀的超凡性能，形成了陶瓷合金层和油膜双重润滑和双重保护，使运营车辆在正常工作条件下，对发动机的磨损（腐蚀、锈蚀、

图 6-8 陶瓷合金修复产品

点蚀、擦伤、接触疲劳）进行有效修复。解决因磨损带来的工作效率下降的各种问题。如按产品操作规范定期应用，可超过发动机设计寿命，长久保持新机状态。

北京某物流快递公司通过相关产品前期测试得出，未加注陶瓷合金修复产品所有车辆的百公里平均油耗为11.80升，加注产品的车辆百公里平均油耗为10.68升，下降幅度为9.49%，同时陶瓷合金修复产品可将摩擦系数降至0.1，增强发动机功率10%以上，减少磨损50%以上，还能降低有害气体排放25%以上，噪声能量降低29%以上。

（2）中转场皮带机节能改造

中转场在快递行业中可以说是举足轻重的关键部门之一，其主要流程有收货、到货、卸货、分拣、装车和出货。目前快递业中转场多为半自动化运输，分拣快递、快件都通过皮带机进行输送。皮带机的运行影响着整个分拣的质量与效率。现在多数中转场皮带机都为连续运转，当皮带机上无快件时造成无效运行过多。为了减少皮带机无效运行所用能耗，可在中转场皮带机上安装电子眼，将电子眼与控制系统连接，当监测到皮带机5min以上没有货物传送，则停止运转。电子眼的安装能减少皮带机运行能耗20%以上。

（3）利用节能车型开展长途甩挂运输

目前，多数从事普通货物运输和仓储、配送等物流服务的公司，长途运输一直沿用单车或一车一挂的拖挂列车运输模式，牵引车在起讫站等待装卸货时间较长，工作效率较低；此外，牵引车在高强度使用下在厂维修车日相对增多，致使企业出现燃料成本高、经济效益差、竞争力弱、场站资源浪费等一系列问题。可考虑采用变革运输方式，实行长距离的点对点甩挂运输模式。

甩挂运输模式是国际上公认的先进运输组织模式，可以减少牵引车装卸等待时间，提高车辆利用效率；减少人员待命时间，降低人工成本；提高货物周转速率和仓库有效利用率，降低社会物流成本，同时，选用性能优异的大型节能车型开展甩挂运输可节约能源、减少排放。

某物流公司在公司内部全面推行长途甩挂运输作业模式，替代原有的普通单体货车运输模式。公司陆续投资近1亿元，购置75台牵引车，按1∶3的比例配挂车225台，在福州至北京、天津、济南、石家庄、郑州、上海、南京、广州、深圳、东莞、成都、重庆以及杭州至北京等15条线路开展双向点对点甩挂运输，将挂车的货物集散交由场站完成，做到挂车停牵引车不停，减少牵引车待命时间；公司还大力推进网点、场站建设步伐。改造部分场站，对信息系统进行升级。目前，公司通过征地或租赁场地的方式，在全国各地设立了107个分公司、办事处（场站节点），并进行场站基础设施建设，进一步完善运输网络，规范了甩挂运输流程，加强了人员业务培训，为开展甩挂运输提供配套服务，实现了长距离网络化干线运输，有效提高了车辆利用率，减少了车辆换装待命时间，降低货损货差，节约了能源消耗。该公司自开展甩挂运输以来，取得了显著的成效，自利用大型车辆开展甩挂运输后，年利润同比增长24%，按标准煤计节油2344.43吨，减少CO_2排放5082.73吨；全部采用节能车型后，使原来从福州到北京，运距2100多公里，单程运行时间43～45小时，百公里油耗约42升，单车每月最多往返4次，变为单程运行时间30小时，百公里油耗约37升，单车每月最多往返6次，大幅提高了牵引车的利用效率，降低了企业及社会的物流成本。

物流企业必须具备充足的货源、适合的运输线路、完善的网络运输服务节点与物流信息管理平台，以及高性能的自有运输车辆与合理的拖挂配比等先决条件，才有可能复制该技术。甩挂运输尽管技术先进成熟、经济社会效益显著，但推广应用条件也相对较高，因此，只适合在具有相当运输规模的物流企业或联盟中推广应用。甩挂运输信息平台如图6-9所示。

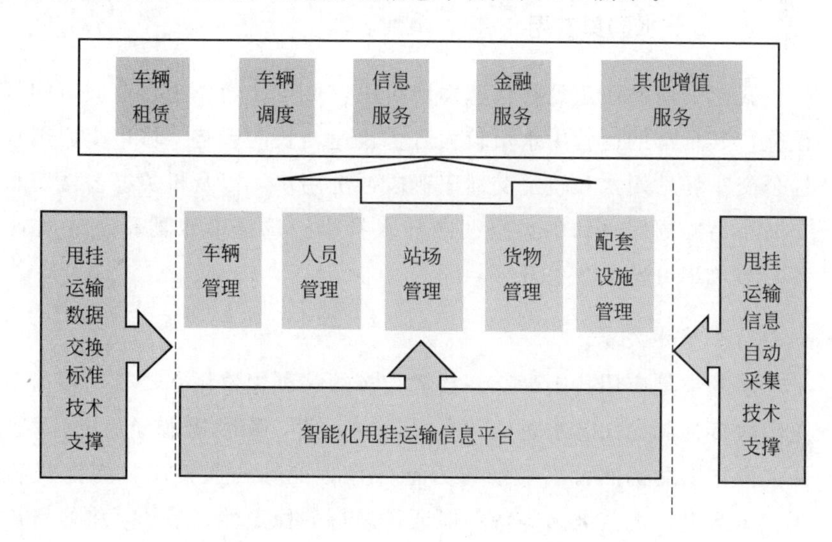

图6-9 甩挂运输信息平台

(4) 节油轮胎应用

对于物流企业来说，燃油价格直接关系到企业的生存。车队运营成本中，燃油费用就高达40%，如何能在保证运输质量的前提下降低燃油的消耗，是很多物流企业和汽车配件厂商都在思考的问题。由于滚动阻力的原因，轮胎所造成的消耗量约占整个轿车燃油消耗量的20%，在卡车中，这一比例则提高到1/3，在这种情况下节油轮胎就成为轮胎的首选。

节油轮胎一方面可减少轮胎的滚动摩擦以达到节省汽车燃油的目的。轿车轮胎全系列产品含硅，在保证驾车安全的同时，一定程度上减少车辆油耗。硅含量高的轮胎有着优异的抓地力，其产生的能量损失也较少，同时降低滚动阻力，减少车辆的燃油消耗，实现比普通轮胎更胜一筹的省油效果。另一方面是选用特殊类型的轮胎花纹，不同类型花纹的轮胎，燃油消耗率也有所不同，折线花纹轮胎比一般花纹要省油。

通过实际运用，节油轮胎在负载不变的情况下滚动阻力值平均降低21%～24%。由于每减少3%～5%的滚动阻力就能节约1%的燃油消耗，因此，如果一部车使用4个节油轮胎，平均可降低约5%的汽车燃油量。

6.2.2 节水技术

6.2.2.1 节水器具选用

我国交通事业正处在快速发展阶段，城市交通作为目前城市的重要基础设施，其日常的运营用水量较大且呈快速增长的趋势。城市交通用水主要包括公交车场站用水和轨道交通车辆段冲洗用水，以及机关办公楼用水和轨道交通车站冲厕用水和中央空调冷却水补水。选择节水器具及优质管材和设备，节水率可达25%以上。

(1) 节水龙头

水龙头是应用范围最广、数量最多的一种盥洗用水器具。目前节水型水龙头大多为陶瓷阀芯水龙头。有关研究表明，陶瓷阀芯经受50万次以上的开关操作以后仍然可以顺畅省力地操作，能够耐久使用。陶瓷阀芯的耐老化、耐磨损、无需维修等特点保证了运行的稳定性，节约了维修费用并降低了劳动强度等。材料拉伸强度高、不易变形、耐高温、耐低温、耐磨损、不腐蚀的特性决定了陶瓷材料的优良密封性能。陶瓷阀芯使得水龙头不易渗漏水滴，也达到了环保节水的目的。这种水龙头在同一静水压力下，其出流量均小于普通水龙头的出流量，具有较好的节水效果，节水率为20%～30%。

（2）节水型便器

按照标准规定方法进行测试，用水量不大于8L的蹲便器为节水型蹲便器，用水量不大于3L的小便器为节水型小便器。常见的节水型蹲便器及小便器大致为延时自闭阀式和感应冲洗阀式。

1）延时自闭阀　延时自闭阀的全称为可调式延时自闭冲洗阀，是既可以调节冲洗时间、控制冲洗水量大小，又能自动关闭的阀门。它是利用给水管内的水压，凭借内部结构造成的压差启闭的，属于压差式阀门。它可以根据安装现场的水压来调节延时长短，也可以调整螺栓以控制冲洗水量，达到节水的目的。

2）感应冲洗阀　感应式小便器应用红外光反射原理，人站在小便器前，红外发出管发出的红外光经过人体反射到红外接收管，然后信号经过后续处理控制电磁阀打开放水，人离开小便器后，红外光停止反射，电磁阀自动关闭。感应式蹲便器是通过红外反射原理，当人体在蹲便器的红外线区域内，红外线发出管发出的红外线由于人体的遮挡反射到红外线接收管，通过集成电路的微电脑处理后的信号发送给脉冲电磁阀，电磁阀接收信号后，按指定的指令打开阀芯来控制机器出水。

6.2.2.2　合理利用可再生水

合理利用中水、雨水等优质可再生水，有条件的优先引入市政中水补给轨道供水和公交车场站。优化车辆段各种水处理的方案和组合，对车辆段内的污废水、雨水、中水进行综合处理、利用，将各种废水的处理站结合在一起设置，从全局的角度出发，确定恰当的处理站规模，选择合理的处理工艺以节省投资，减少占地，方便工作人员集中管理和操控。车辆段占地面积大，可以考虑收集雨水用于绿化等，既节约了水资源，又减少了市政排水管网的排水压力。

6.2.2.3　改进和完善供水系统设计

轨道地下车站较多，埋深大，北京地区市政自来水水压通常在0.18～0.40MPa，地下车站卫生间等主要用水点水压则在0.35～0.60MPa，但在实际用水过程中，一个普通的水嘴在0.24MPa和0.50 MPa时，流量分别为0.42L/s和0.72L/s，而水嘴的额定流量仅为0.15L/s。目前在运营过程中，为了减少水量的浪费，经常通过控制阀门开度等手段来控制用水点供水水压，这种方法无法准确地控制水压，也无法适应市政管网压力的频繁变化，其结果往往是过度关闭控制阀门，造成乘客在用水时水流很小，虽然能起到节水的目的，但大大降低了使用舒适度。减压稳定阀能对进水水压进行减压稳压，保证水嘴处水压稳定在额定值，保证出水水量稳定在额定流量，在保证乘客及工作人员的用水舒适性的前提下达到节水的目的，同时该装置能减小管网的压力，还能对减缓管网的水锤现象起到积极的作用。

6.2.2.4 高级氧化循环冷却水处理技术

高级氧化技术，简称AOP（Advanced Oxidation Processes），是利用臭氧等强氧化剂分解有机物、微生物的水处理技术。高级氧化循环冷却水处理技术主要是利用臭氧发生器产生臭氧，然后按一定比例有控制地加入冷却水中，并在水中产生羟基自由基，分解与破坏水中有机物与微生物，产生易于生化处理的小分子物质和天然无害的物质，无二次污染且使水体得到消毒。通过实时动态监控，以臭氧为主的高级氧化工艺取得腐蚀和结垢的平衡，杀灭微生物，除垢阻垢，提高热交换效率及水的利用率。

高级氧化循环冷却水处理技术采用天然空气作为原料，彻底消除化学药品的排放，从根本上解决了环境和水质污染。冷却水可以直接排入雨水管道，无需再做任何的处理。通过部分典型车站采用高级氧化循环冷却水处理技术及与其他车站化学加药等不同水处理方法处理效果的同步对比测试分析表明，经AOP技术处理后的水质优于国标要求，阻垢、杀菌效果显著，具有良好的节能、节水、减排、保障公共卫生等作用。

轨道交通车站空调冷却水使用自来水作为补充水，自来水的电导率在600μS/cm左右。采用高级氧化循环冷却水处理技术处理后，按目前自来水水质，浓缩倍数可达到7～10倍，远大于化学加药的3倍。采用AOP技术处理循环冷却水比化学药剂法节水，每年节水率为23.33%。

通过在上海某轨道线路5个试点进行测试，5个试点车站年节水量约$1.8\times10^4m^3$。高级氧化循环冷却水处理技术通过智能控制技术的应用，实现空调水处理运行参数的动态检测和实时远程监控，确保车站空调循环水系统运行过程中的全时处理和高效运行，提高运营管理水平。在轨道交通中具有良好的适用性、可行性和推广应用前景。

6.2.3 环保技术

6.2.3.1 新能源汽车的推广应用

(1) LNG（液化天然气）车辆的推广应用

目前，城市车辆持有量不断增加，为解决城市汽车尾气污染问题，国内绝大部分城市都在推广压缩天然气（CNG）汽车，受制于CNG汽车跑不远（100～200km）、加气站布点难等制约因素，CNG汽车在公交领域的应用受到了较大的制约。近年来，新兴的LNG汽车彻底解决了压缩天然气汽车的推广难题，其一次充气的行驶里程（300～800km，可扩展至1500km）较CNG汽车远得多，具有更强的实用性，同时，LNG加气站投资少、占地小、效率高，仅需建少量的LNG加气站即可满足LNG汽车推广需要。自2003年起，北京、乌鲁木齐、长沙和贵阳四个城市开始LNG汽车在城市公交车领域的示范应用。随着沿海LNG接收站的建设，沿海的广东、福建、海南以及深圳、大连等均已宣布发展LNG汽车。从推广车型来看，LNG不但适用于城市公交车，同样也适用于大型货运车辆，尤其是长途车辆。在新疆、内蒙古、山西等地区，以LNG为燃料的重型卡车已得到了快速的发展，仅新疆广汇一家公司就有数百台LNG重型卡车投入了商业化运行。

从运行实践看，相对于柴油汽车，LNG汽车最大的特色就是安全、环保。LNG发动机的噪声只有柴油发动机的36%。LNG发动机排放的氮氧化物只有柴油发动机排放的25%，烃类化合物和碳氧化合物分别只有30%和12%，颗粒物的排放几乎为零。使用更加洁净的LNG作为车用燃料，将大幅减少汽车尾气排放物，产生良好的社会效益和环境效益。根据BP中国碳排放计算器提供的资料，每辆LNG车相比汽油车、柴油车每年可减少CO_2排放约60t，如按照8年使用期计算，每辆车可减少CO_2排放约480t。

目前，国内LNG客车制造企业有苏州金龙、北汽福田、郑州宇通等，且LNG客车运用已经十分成熟，随着城市加气站的完善，保障

LNG 客车的正常运行在技术方面是可行的。LNG 车辆如图 6-10 所示。

图 6-10　LNG 车辆

(2) 插电增程式混合动力车推广应用

插电增程式混合动力公交车可以降低城市公共汽车污染和降低油耗，辅助柴油机排放达到欧Ⅳ，油耗降低 30%以上（与同类型柴油公共汽车比），且一次充电和一次加油续驶里程大于 300 公里。高耗能柴油车更换为插电增程式混合动力车可以实现节能减排和新能源车的推广示范。

插电增程式电动车是一种配有车载供电功能的混合动力车辆，由整车控制器完成运行控制策略。电池组可由地面充电桩或车载充电器充电，发动机可采用燃油型或燃气型。整车运行模式可根据需要工作于纯电动模式、增程模式或混合动力模式（HEV）。当工作于增程模式时，节油率随电池组容量增大无限接近纯电动汽车，是纯电动汽车的平稳过渡车型。插电增程式电动车低速转矩大，高速运行平稳，刹车能量回收效率高，结构简单易维修，实用性强。

增程式的车有三种工作模式：第一种模式叫纯电动工作模式，但是其容量相当于纯电动车的 1/3 左右，第二种是混合动力模式，它可以配一个非常小的发动机，而且完全能满足 12 米、18 吨的公交车驾驶循环的供应要求；第三种是插电式工作模式，晚上用充电桩充电，白天有计划地使用电池能量，这样就介于混合动力和纯电动车之间。相比普通 CNG、LNG 公交车，这种公交车的续航里程更长，节气率可达 40%以上。插电增程式混合动力公交车工作原理如图 6-11 所示。

由于公交车线路固定，这样可以控制公交车的行驶里程在蓄电池的续航里程内。而公交车又能统一管理，可以在晚上集中进行充电，这样可以解决纯电动车续航里程和充电不方便的问题；由于公交车的车速不高、行驶平稳，蓄电池的性能可以满足其动力性的要求。因此，可在公交车系统推广该技术。

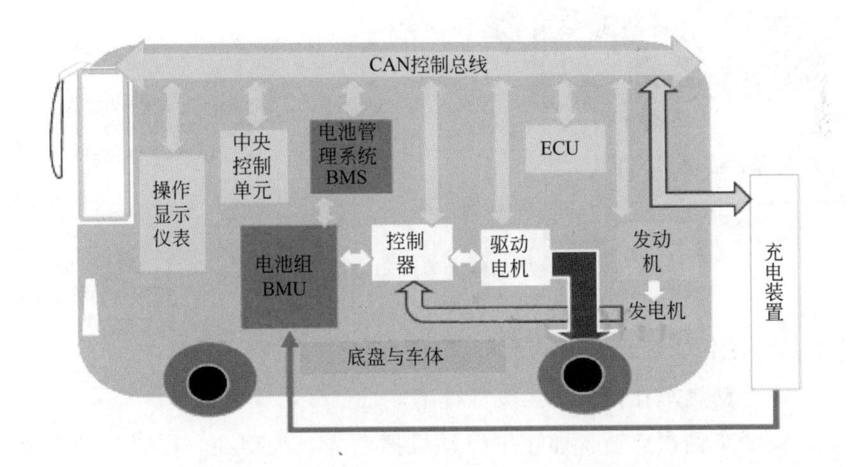

图 6-11　插电增程式混合动力公交车工作原理

(3) 纯电动汽车的推广应用

汽油、柴油车辆尾气排放占城市大气污染的 70%以上，是主要的大气污染源。纯电动公交车属新能源汽车，靠电力驱动，无燃料消耗，完全实现了车辆尾气零排放、零污染，被公认为是绿色环保汽车，大力推广纯电动汽车是解决城市大气污染的有效措施。

纯电动汽车是以车载蓄电池为动力源，由牵引电机驱动车辆行驶的汽车。其能量补充依靠外电源对动力电池进行充电，并通过动力蓄电池向驱动电机提供电能来驱动汽车，车辆自身具有能量回收功能，纯电动汽车工作原理如图 6-12 所示。

纯电动汽车主要优点如下。

① 蓄电池充电的电能是二次能源，电能可以来源于风能、太阳能、水

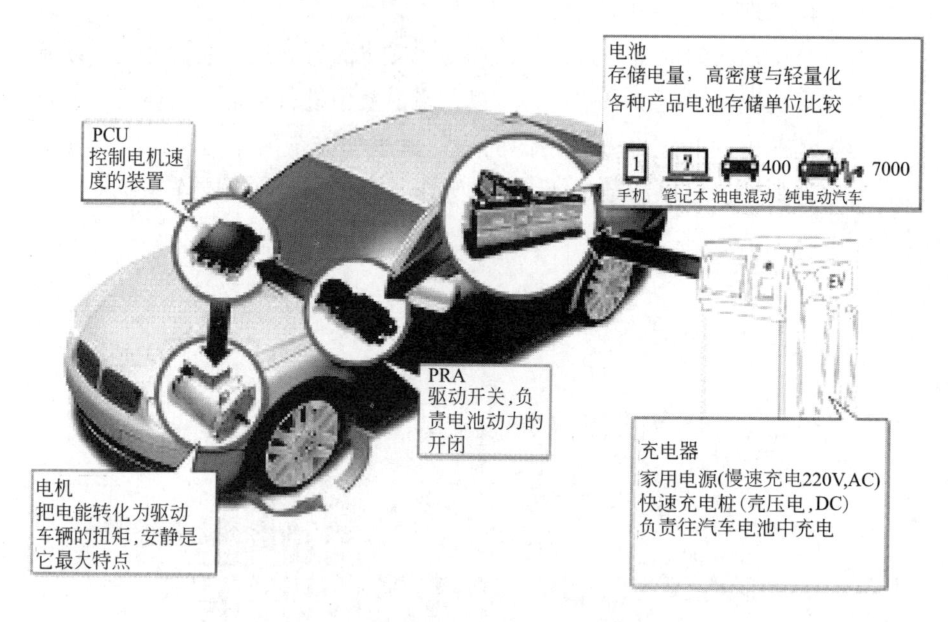

图 6-12　纯电动汽车工作原理

能、核能等能源，所以纯电动汽车能源的来源极其丰富。

② 纯电动汽车在行驶中无废气排出，是“零污染”汽车。

③ 柴油车辆在启动、加速中发动机振动大、噪声高，同时柴油车驱动构造复杂，传动系统互相摩擦产生机械噪声污染，特别是运行时间长的传统城市公交车，起步时排气尾管冒黑烟特别严重，严重损坏城市形象，纯电动公交车车辆构造简单，无离合器、变速箱等一系列传动装置，车辆驱动电机工作噪声小，几乎无噪声污染。

④ 驱动系统机械结构简单、可靠性高、故障频率低、易于维护。

某公交公司依靠当地电动汽车生产企业提供的车辆技术支持，先后在 5 条公交线路上进行了 SDL6120 EVG 纯电动车的示范运行，车辆采用 400A・h/576V 磷酸铁锂动力电池组、三相异步电机驱动系统、铝合金全承载车身。100 台纯电动公交车投资 1.3 亿元，目前累计运行总里程 230 多万公里，耗电总量 250 多万千瓦・时，替代柴油 89.7 万升，折合 1085 吨标准煤，减少二氧化碳排放 1529.5 吨。在电池生产企业承诺电池 8 年免费维修、更换的前提下，预计 6 年即可收回比柴油车一次性多支出的成本。电动城市公交车与常规的内燃机城市公交车能耗对比如表 6-1 所列。

表 6-1 电动城市公交车与常规的内燃机城市公交车能耗对比

序号	对比项	电动城市公交车	普通柴油公交车	对比说明
1	百公里能耗	110kW·h	耗油 39L	
2	日行驶里程	200km	200km	相同运行条件
3	日耗能量	耗电 220kW·h	耗油 78L（折合 64.74kg）	柴油密度取值 0.83kg/L
4	日耗能折合标准煤	27kg(按火电厂发电计算)	95kg	按 1kW·h 电相当于 0.1229kg 标准煤，1kg 柴油相当于 1.4571kg 标准煤
5	日排碳量	69kg(按火电厂发电计算)	202kg	1kg 柴油燃烧排放 3.11kg 二氧化碳，1kg 煤燃烧排放 2.56kg 二氧化碳
6	单燃料车每年耗能量折合标准煤	8100kg	28500kg	每年按 300 天计
7	单燃料车每年排碳量	20700kg	60600kg	每年按 300 天计

电动车辆价格偏高，政府的大力支持是纯电动公交车示范运行的重要保障。充电站是现阶段纯电动车规模应用的必备基础设施。由于建站投入大，运行成本高，因此需要政府牵头推进建设，并列入城市基础设施建设规划。考虑到纯电动公交车辆的特殊性，为确保车辆的正常运行和日常维护工作，需采用集中使用和管理的方式，成立电动汽车运营公司，做到车辆专线专营，统一管理、统一维护保养、统一调度使用。也需专门组织维修技术人员到车辆厂家进行全方位、深层次的技术知识培训，建立电动车维修保养厂，完善技术保障体系，确保车辆安全可靠、节能环保运行。纯电动公交车及公交车充电站如图 6-13 所示。

(a) 纯电动公交车

(b) 公交车充电站

图 6-13 纯电动公交车及公交车充电站

(4) 煤层气替代柴（汽）油车辆的推广应用

煤层气是成煤过程中经过生物化学热解作用以吸附或游离状态赋存于煤层及固岩的自储式非常规天然气，也称“煤矿瓦斯”，其主要成分是甲烷、二氧化碳、氮气和少量的乙烷、乙烯、氢、一氧化碳、硫化氢和二氧化硫等。如果将煤层气直接排放到大气中，其温室效应约为二氧化碳的21倍，对生态环境破坏性极强。在煤炭开采前及开采过程中，对煤层气开采和抽取利用，不仅可以大大减少煤矿风排瓦斯的数量，还可以获得数量相当可观而且热值高的清洁能源和重要的化工原料，对煤矿安全生产、节约资源和保护环境都具有深远意义。

从煤田中抽采出的富含甲烷的煤层气经过处理和压缩，可以达到车用压缩天然气的质量标准，可以作为压缩天然气汽车的燃料。在所有重型牵引车上可采用以单燃料的方式使用压缩煤层气作为燃料。针对燃料辛烷值高的特点，采用了较高的压缩比，通过对发动机和汽车底盘的合理匹配，重型燃气牵引车具有良好的动力性能，噪声更低，运转平稳；与普通柴油车相比，重型燃气牵引车一氧化碳排放量降低90%，烃类化合物排放量降低70%，氮氧化物排放量降低35%，满足国Ⅲ排放标准；由于气体燃料的燃烧性能好，对润滑油的稀释作用小，减少了发动机气缸的积炭，延长了润滑油和火花塞的更换周期，降低了汽车的维修费用；重型燃气牵引车装配12个耐25MPa的专用耐高压气瓶，续驶里程可达400km。

某物流有限公司积极开展煤层气资源作为车用燃料的开发利用工作。该公司拥有320辆燃气牵引车，100辆煤层气运输槽罐车，合资建成22座煤层气加气站。公司在自有的运输车辆全部使用煤层气作燃料的基础上，大力引导社会车辆燃气化改造，搭建煤层气加气站点网络，已初步构建了煤层气供应体系。目前，该公司累计向车辆提供煤层气3800万立方米，替代燃油3040万升，为汽车节约燃料费用9200余万元，并有效减少了温室气体排放；公司自有运输车辆累计消费煤层气630万立方米，替代燃油504万升，节约燃料费用近1530万元。

我国是煤炭储量大国，煤层气资源丰富，有效采集、开发利用对煤矿安全生产、节约资源、保护环境都具有深远意义，并将会为社会创造巨额财富。通过发挥现代物流企业的作用，在以煤层气代替汽、柴油作为汽车燃料方面取得了成功经验，示范效应明显，能有效促进道路运输业的节能减排工作，具有广泛的推广应用前景和价值。

6.2.3.2 柴油公交车尾气减排改造技术

柴油车尾气排放物中，最具毒害作用且最难处理的是氮氧化物（NO_x）。由于公交车运行线路交通复杂，车辆经常低速行驶，频繁停车，造成发动机运行负荷低，排气温度低，再加上外界气温低，排气管壁温度低，喷出的尿素不容易蒸发，在排气管内壁出现结晶，因此 NO_x 排放很容易超标。为了解决发动机在中小负荷下排气温度相对较低、NO_x 容易超标的问题，需对柴油发动机尾气后处理系统升级，保证国Ⅳ、国Ⅴ的柴油公交车辆的尾气达标排放。

该尾气减排改造项目对车辆的改动不大，硬件主要是对发动机的排气管路加装保温材料，部分车辆需切割、焊接排气管；软件只是更新DCU数据和ECU数据。改造后基本不影响发动机功率及油耗，通过排气管外壁保温，提高尿素喷射温度，对相关软件升级后，减少排气管热损失，尿素消耗量会明显增加，可有效保障发动机低速状态氮氧化物排放的控制。

预计升级改造后的尾气后处理系统对 NO_x 排放可有效降低。研究表明，车速越高，NO_x 排放率越低。国Ⅳ、国Ⅴ柴油发动机尾气后处理系统的升级改造，简单易行，技术上可推广。

6.2.3.3 轨道交通车辆段工程维护车辆节能减排技术

车辆段设备及维护车辆包含检修维护设备（洗车机、架车机、天车等）和库内调车及线路供电检修车辆（国内全部是内燃机车），虽然能耗约占总能耗的5%，但其直接排放却十分惊人。以1台441kW的轨道工程维护车辆为例，每年消耗燃油60吨，等效排放 CO_2 约160吨。目前国内各轨道公司共有各种大小的工程车数百台，每年的废气和碳排放的总量也十分可观。目前，中国香港、新加坡等地的轨道交通已经逐步淘汰内燃工程维护车，采用蓄电池牵引机车替代升级。蓄电池牵引机车的能源转换效率远远高于内燃机车，并能吸收存储制动能量，其能源消耗成本不足内燃机车的1/3，碳排放也远低于内燃机车。国内轨道交通拥有的各种内燃工程维护车辆共数百台，它们均可用蓄电池牵引机车更新替代。

虽然采购成本上蓄电池牵引机车高于内燃机车（蓄电池牵引机车

500万～600万元/台，内燃机车约350万元/台)，但在寿命周期成本方面，蓄电池牵引机车远低于内燃机车(蓄电池牵引机车寿命30年，内燃机车约15年)，按30年计算，蓄电池牵引机车寿命周期成本比内燃机车低600万～700万元/台，碳排放降低4800吨。蓄电池牵引机车如图6-14所示。

图6-14　蓄电池牵引机车

6.2.3.4　轨道交通车辆阻尼车轮降噪技术

轨道交通目前已经成为大、中城市缓解道路拥堵的重要公共交通方式。轨道交通车辆穿行在城市工作、生活密集区，在带给城市生活便利、快捷的同时，轨道车辆运行时产生的噪声，也给城市周围环境带来了负面影响，成为城市新的噪声污染源。为了降低轮轨噪声对居民生活的影响，轨道列车多采用阻尼降噪车轮。

阻尼车轮采用的阻尼降噪器为层叠式宽频降噪消声器，是三层钢板和两层高阻尼特种橡胶结构，由不锈钢空心铆钉铆接，利用黏弹性橡胶作为弹性元件。弹性力为非线性，能起到吸收多个频峰振动的作用。车轮振动的幅度由轴心向外越来越大，轮缘边界振动最强烈。因此，阻尼器安装在轮辋外侧靠近轮缘边界处。阻尼车轮如图6-15所示。

通过与普通列车相比，轨道列车采用了阻尼车轮后，阻尼车轮对轨道列车车内外噪声，尤其是车轮噪声和车轮高频噪声有显著的抑制作用，对轴箱、构架等关键部件的振动也有衰减作用，对于靠近居民区的轨道线路，为降低轮轨噪声对居民生活的影响，该技术值得推广使用。

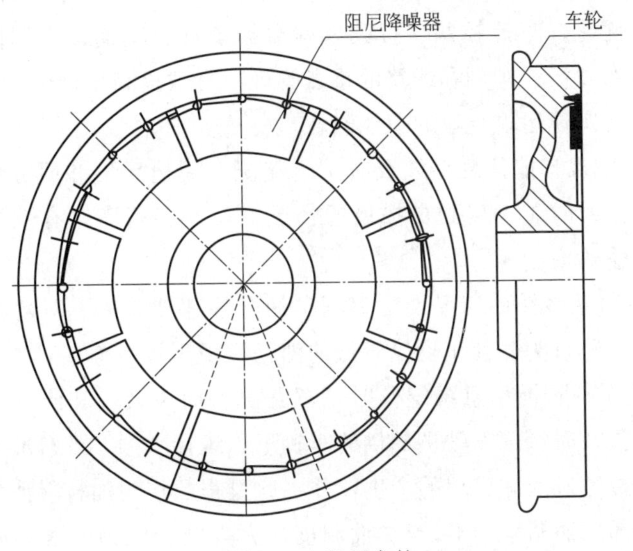

图 6-15　阻尼车轮

6.2.4　高效管理技术

6.2.4.1　建立统一叫车服务平台

出租车“扫马路”“招手即停”属于传统的出租车运营模式，在运行效率和服务水平方面存在一定弊端。为提升出租车行业服务，应加强出租车管理效率，在出租车利用方面合理调配，如建立统一叫车平台，推广电话叫车、网络叫车业务，这样既能满足乘客需求又可避免出租车空驶，减少道路拥堵。

目前，北京出租车运行平台主要有滴滴出行等网络车平台和首汽约车等大型企业的运营平台。出租叫车平台为社会大众、行管部门、出租车驾驶员开通电话叫车、网络约车运力保障等多项服务功能。整个调度系统主要基于卫星定位、无线通信和地理信息系统等相关技术。近年来，以网络车平台为代表的统一叫车服务平台发展迅速。

6.2.4.2　加装车载智能信息化管理系统

车辆运营公司可在客车上安装车载智能管理信息系统，建立总调控中心，并在每个所属车队、车站设立二级调控平台，对车辆进行 24h 的动态调控，从路线优化、车速控制、行驶里程数据统计、车辆动态调度等方面入手，加强对驾驶员、车辆和线路的重点管理，有效提高车辆运行燃料经济性和运输效率，实现运输企业的节能降耗。

① 利用车载智能信息系统及时了解路况、周边天气和服务设施，通过车载语音播报及时调度驾驶员按最通畅或最短路径行驶，有效缩短运输时间、提高运输效率。

② 根据每条线路的情况设定每辆车的合理速度门限，对驾驶员实施考核，规范其驾驶行为，使车辆以较低的消耗实现高效运输。

③ 利用车载智能信息系统及时了解路况、周边天气和服务设施，通过车载语音播报及时调度驾驶员提供的车辆里程统计数据，及时准确掌握车辆行驶里程，杜绝班线虚里程的产生，并将此里程数作为油材料消耗统计的原始依据。内部加油站采用 IC 卡加油制度，大大减少人为因素造成的油耗信息统计偏差，保证燃油消耗基础数据统计的准确性。

④ 利用车载智能信息系统及时了解路况、周边天气和服务设施，通过车载语音播报及时调度驾驶员提供的车辆实时位置，合理安排加班班次，实现及时精确调度，提高车辆的利用效率。

⑤ 通过车载智能信息系统及时了解路况、周边天气和服务设施，通过车载语音播报及时调度驾驶员的轨迹回放、照片抓拍和视频，查处驾驶员的违章行为，减少车辆随意绕路带来的燃油无谓消耗。某智能车载系统如图 6-16 所示。

6.2.4.3 营运车辆燃油消耗量及排放量动态监测与统计系统

在国家实施节能减排战略的大背景下，各行业都在为减少碳排放做各种努力，交通运输行业是能源消耗和碳排放的大户，有责任通过技术革新、加强管理等，实现行业的节能减排目标。如何通过技术手段摸清营运车辆能源消费水平及车辆技术状况，了解驾驶行为是否节能，成为一个亟待解决的难题。

在车载卫星定位设备上，增设了数据采集模块或在具备扩展接口的设备上直接开放了软件功能，全程采集车辆动态油耗和车辆实时工况，利用无线网络传输数据至数据中心存储，通过营运车辆节能状况动态监控系统、驾驶员节能驾驶行为监测分析系统、燃油消耗量及排放量统计分析系统，实现对

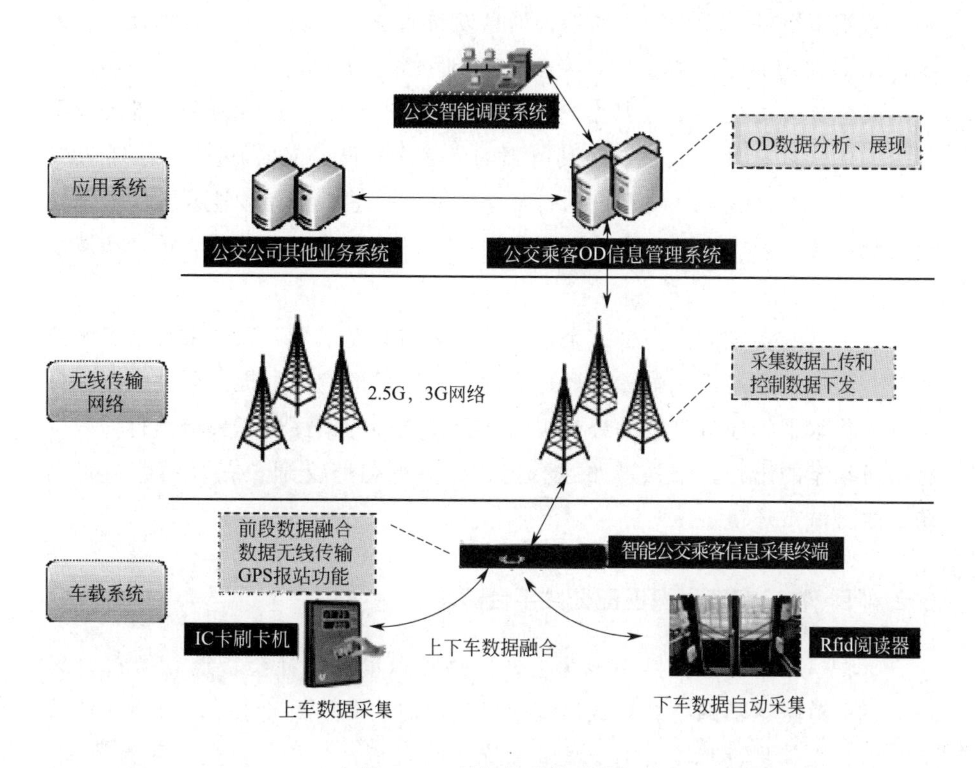

图 6-16　某智能车载系统

车辆油耗和技术状况以及驾驶行为的动态监测，为建立交通运输行业能源消耗的统计、监测与考核体系，制定行业节能发展规划提供准确的基础数据，为纠正驾驶员的不良驾驶行为提供科学依据，该系统属提升行业节能管理的公益性项目，虽不能直接节能减排并产生经济效益，但系统的推广应用有效促进了交通运输行业节能减排的科学发展，推动了资源节约型、环境友好型道路运输业的建设，项目的社会效益巨大。

6.2.4.4　首末站电子显示屏信息发布系统

首末站电子显示屏的建设，可以为广大的候车乘客提供准确的车辆调度信息和相关的天气、交通状况等的信息服务，使乘客能准确地了解出行目的地的行车状况，减少乘车的盲目性，保证车场的候车秩序，减少安全隐患。在遇到紧急状况或重大活动时，也可以通过此系统将需要公布的信息进行发布。

首末站电子显示屏信息发布系统是以发布平台软件为核心、以电子显示屏为最基本组成部分，形成的综合信息发布系统。系统主要由管理控制子系统、LED屏显示子系统、网络及安全控制子系统等组成。

某公交公司在1个总中心，6个管理分中心、11个运营分公司部署电子显示屏信息发布系统软件，在其所属的182个车队，522条公交线路的865个首末站里，完成410块调度信息显示屏和53块综合信息显示屏在候车站台安装任务，为广大的候车乘客提供服务信息，同时也向司售人员发布调度命令。

该项目的实施能提高公交企业运营组织与调度水平，以及乘客信息服务水平，实现资源的优化配置。通过多种高新技术的应用，提高公共交通系统的智能化水平。通过有效的公交组织能吸引更多的市民选择公交出行，减少社会机动车的出行，增强道路通行能力，降低道路交通负荷，缓解道路拥堵，改善城市环境。

6.2.4.5 物流资源供需匹配公共平台建设

货物运输主要以公路运输为主，公路货运量占全社会货运总量的70%以上。但道路运输的组织方式比较落后，运输效率和服务水平不高等矛盾较为突出。尤其是近几年，随着国际油价连创新高，公路货运成本不断增加，道路运输业面临前所未有的严峻形势。建立物流信息平台旨在借助于计算机和网络信息技术，使货主、车主、中介等要素有效地聚集在平台上进行交易，减少由于运输组织无序和配载水平低下所造成的社会资源浪费，提高运输效率，达到节能减排的目的。

某地区对货运市场现状进行调研，发现存在车货信息沟通不畅、车辆和货物安全监控不及时等问题。鉴于以上情况，建立了以卫星定位为基础的物流信息平台，实现信息收集发布、运输车辆监控等服务功能。具体做法是：货源单位通过资格审查成为企业会员，车源单位经过资格审查并安装卫星定位后成为车辆会员。企业会员可免费自行发布货源信息，系统会根据发布的货源信息自动寻找满足运输条件的车辆；车辆会员利用卫星定位系统接收货源信息，减少了中间环节，实现了车货对接，缩短了配货时间，提高了运输效率。发货方、接货方均可通过平台实时查询货物的位置及运输状态。

项目上线运营以来，已发展企业会员183家，会员车辆3151台，企业会员在信息平台上发布货源信息8532条，成交信息占上线发布信息的38%。项目总投资1165万元，初步预计投资回收期4.2年左右，年投资回报率在 24%左右。根据公司 300 多辆营运车辆的统计，由于实现回程配货，车辆里程利用率、实载率由同期的 50%提高到 59%，在取得经济效益的同时，也取得了节能减排效果。

本平台实现了车源和货源的自动匹配，减少了车辆组货时间，提高了车辆的实载率和运营效率。由于货源信息由货源单位自行在平台上发布，使得平台的运营成本低，具有先进性和可持续发展的空间。随着配货成功率的提高和会员数量的增加，该项目节能减排潜力较大。通过物流平台为企业会员和车辆会员搭建信息桥梁，在货主、车主各方获益的同时，自身也会取得显著的经济效益。

6.2.4.6　快递企业配送环节节能减排综合管理

(1) 仓储环节低碳化

仓储布局过于松散，会降低运输的效率，增加空载率；布局过于密集，会增加运输的次数，从而增加资源的消耗。在仓库作业环节，采用先进的物流技术装备是实现仓储业转型升级的重要基础。

(2) 包装低碳化

应在快递包装环节最大限度地节约资源。可以通过法律法规对快递企业使用绿色包装作出强制规定，引导快递企业主动使用绿色包装。通过包装盒改造和回收再利用，探索快递包装盒的循环共用之路。快递公司包装环节如图 6-17 所示。

图 6-17　快递公司包装环节

(3) 运输环节低碳化

低碳运输管理手段主要包括优化线路设计、减少车辆空驶时间、采用集并运输、增加单位运量、采用电动环保车辆、采用环保冷藏运输方式等。低碳运输管理还涉及燃油的选择、紧急泄漏的管理、排放控制技术、车辆保养、控制车辆平均运行速度、怠速运行时间等。

(4) 回收与排放管理

配送环节产生的固体废物，应实行有效管理。此环节可以回收管理几乎所有的废物——油料、部件、电池、轮胎、金属、发动机等。

6.3 典型清洁生产方案

6.3.1 柴油公交车尾气减排改造方案

6.3.1.1 方案简介

某公交公司现有743部国Ⅳ、国Ⅴ排放标准的柴油公交车辆，现公司针对车辆尾气排放进行系统升级改造，解决发动机在中小负荷下排气温度相对较低、氮氧化物容易超标的问题。方案内容包括重新标定发动机电脑、发动机后处理系统电脑软件程序和在排气管路加装保温材料。

6.3.1.2 技术可行性分析

该方案对车辆的改动不大，硬件改装主要是对发动机的排气管路加装保温材料，部分车辆需切割、焊接排气管；软件更新只是更新DCU数据和ECU数据。改造后基本不影响发动机功率及油耗，尿素消耗量会有所增加，从而增加了对氮氧化物的排放抑制作用。

方案分别由车辆所使用的康明斯和玉柴两个发动机厂家提出。康明斯发动机是通过重新标定软件程序和在排气管路上加装保温材料实现改造；玉柴发动机由于使用BOSCH后处理系统，除刷新软件数据和在排气管路加装保温材料外，还要对排气管路及后处理器进行硬件改造。研究表明，车速越高，氮氧化物排放量越低。由于公交车运行线路交通复杂，车辆经常低速行驶，频繁停车，造成发动机运行负荷低，排气温度低，再加上外界气温低，排气管壁温度低，喷出的尿素不容易蒸发，在排气管内壁出现结晶，氮氧化物排放容易超标。通过排气管外壁保温，提高尿素喷射温度及对相关软件升级后，减少排气管热损失，尿素消耗量会明显增加，可有效保障发动机低速状态下氮氧化物排放的控制。

总体而言，国Ⅳ、国Ⅴ柴油发动机尾气后处理系统升级改造，简单易行，技术上可行。

6.3.1.3　环境可行性分析

该公交公司现有国Ⅳ排放标准车辆 319 部，国Ⅴ排放标准车辆 424 部。经测算统计按国Ⅳ、国Ⅴ车辆每部车每年行驶 60000 公里、百公里油耗 37 升计算，743 部车年消耗柴油 16494600 升。根据机动车排放限值，国Ⅳ车型消耗 1 千克柴油产生氮氧化物 17.5 克，国Ⅴ车型消耗 1 千克柴油产生氮氧化物 10 克。按平均减排 50％的氮氧化物量计算，743 部车每年可减少氮氧化物排放 93766 千克。

总体而言，该方案环境可行。

6.3.1.4　经济可行性分析

康明斯发动机车辆改造费用每台车约 1000 元，玉柴发动机车辆改造费用每台车约 2000 元，本方案投资费用总计 80 万元。由于该项目是汽车尾气减排治理，不具备节能效果，所以不产生经济效益。

6.3.2　智能公交调度管理系统建设方案

6.3.2.1　方案简介

某公交公司在国务院《关于城市优先发展公共交通的指导意见》的指导下，通过采用公交车辆定位系统、客流量检测等信息采集设备，智能公交调度系统能够根据客流量需求进行公交车辆调度指挥，使得公交系统的运力、运能得到了很大程度的提高。计划在五年内，以现有公交智能调度系统为基础平台，从信息化基础设施、信息化管理应用、信息化服务改进三个层面进行建设。以信息化建设为手段，科学分配和充分利用车辆、人力等生产资源，提高公司的综合运输能力，为市民出行提供更优质的保障。

6.3.2.2 技术可行性分析

（1）基础设施建设

1）传输网络子系统建设　更新数据中心机房网络设备，按照车载设备更新车载无线通信网络。由当前移动公司提供的GPRS网络，切换到联通提供的4G网络。改造后的传输网络子系统，性能指标满足今后5～10年内，2000台以内车辆规模，所有可预见应用数据的传输需求，安全指标达到信息安全等级保护3级的要求。

2）数据中心信息设备改造　改造数据中心信息处理设备和机房设备，性能指标满足今后5～10年内，2000台以内车辆规模，所有可预见应用数据的处理需求；信息处理设备和机房设备的安全指标，达到信息安全等级保护3级的要求。

3）数据备份中心建设　数据中心改造后，利用数据中心改造淘汰的服务器和存储设备、网络设备、机房设备等。通过部署备份软件，在距离数据中心机房较远的建筑内，完成数据备份中心的建设。

4）监控管理中心改造　更新影响使用性能的设备，待核心应用系统建设完成，并全部正常使用后，再对监控管理中心进行改造。

5）车载终端设备更新改造　使用最新的4G视频车载监控调度一体主机，逐步替换原有的2G设备。后续将在车内增加视频分析处理设备，实现视频数据的扩展应用。

6）场站管理终端更新改造　实现所有场站调度的信息化管理，实现场站视频监控系统的完全整合。

7）IC卡收费系统更新改造　先期建成第二个IC卡分中心，与已有的IC卡分中心同时使用。新建的分中心系统扩展IC卡消费数据的移动无线实时上传，并按照一卡通平台的标准和要求，接入到统一的一卡通平台。在更换监控调度主机的同时，更换可与监控调度主机连接，实现收费数据实时上传的车载IC卡设备。随着车载设备的完全更新，新建的分中心完全替换原来的IC卡系统，全部车辆的IC卡收费数据不再使用人工采集和手工上传模式。

（2）管理信息化建设

分步骤逐步实现调度管理信息化、企业综合管理信息化，为服务社会、服务乘客、服务企业提供全面支持。

(3) 乘客信息服务系统建设

基于原有车载设备和车辆监控管理软件，更换部分老化严重的车载设备，可以大幅提高基本服务数据的准确性和完整性，再通过新增乘客换乘查询、公交线网查询、车辆到站预报计算发布、Web信息发布、手机信息发布、跨平台数据交换等功能软件，以及对公司门户网站的升级开发，可以初步实现当前主要的信息化服务提供。

6.3.2.3　环境可行性分析

城市公交智能化建设有助于提高公交行业管理水平和整体服务质量，增强公共交通出行吸引力，提高公共交通分担率。充分利用道路资源，逐步缓解城市交通拥堵，降低市民出行成本，逐步构建合理、可持续的城市交通结构。提高公交分担率将提高城市道路资源的利用率，使路网延误、拥堵的可能性最小化，预计将降低城市交通拥堵率5%。减少驾驶私家车的次数，有助于交通环境的改善，选择公交出行，燃油的消耗将减少，带来的是污染物排放量的大幅减少，随着系统的不断完善，对环境的改善效果将愈加明显，城市的空气质量会大大提高，从空气污染的源头出发缓解城市空气污染问题，其成本远低于高昂的空气污染治理成本。

6.3.2.4　经济可行性分析

按照先进公交系统（APTS）效益评价体系并结合国内已实施公交智能化系统的公交企业情况进行估算，预计直接经济效益。

① 将提高公交资源（人员、车辆、物资等）利用率10%～15%；提高公交车辆周转率15%～25%；

② 提高调度运营管理的效率、降低工作量15%～25%；降低行车安全事故发生率10%～25%。

6.3.3　出租车双燃料改装方案

6.3.3.1　方案简介

某出租车公司对现有出租车进行双燃料改装，在原有燃油汽车的基础上加装一套压缩天然气（CNG）燃料供给系统，使出租车具有燃油、燃气两套独立的燃料供给系统。天然气、汽油双燃料汽车在行驶过程中可以随时任意转换两种燃料的供给方式。

6.3.3.2 技术可行性分析

压缩天然气（CNG）汽车燃料供给系统通常包括天然气气瓶、减压调压器、各类阀门和管件、天然气喷射装置（或者机械式混合器）、各类电控装置等。天然气储气钢瓶的瓶口处安装有易熔塞和爆破片两种保险装置，当气瓶温度超过100℃或压力超过26MPa时，保险装置会自动破裂卸压；减压阀上设有安全阀；气瓶及高压管线安装时，均有防震胶垫，卡固牢固，因此在使用中是安全可靠的。

6.3.3.3 环境可行性分析

天然气汽车的污染排放量大大低于以汽油为燃料的汽车，尾气中不含硫化物和铅，一氧化碳降低80%，烃类化合物降低60%，氮氧化物降低70%。

6.3.3.4 经济可行性分析

改装一辆出租车的价格大约为6000元，改装后每年可以节省燃料费3.3万元，项目经济效益核算如表6-2所列。

表6-2 项目经济效益核算

名　　称	计算式	数值	单位
总投资费用(I)		0.60	万元
年新增利润(P)		3.30	万元
贴现率(R)		6.00	%
折旧期(n)		4.00	a
所得税率(i)		7.00	%
年折旧费(D)	$D=I/n$	0.15	万元
应税利润(T)	$T=P-D$	3.15	万元
净利润(E)	$E=T-S$	2.92	万元
年净现金流量(F)	$F=E+D$	3.07	万元

续表

名　　称	计算式	数值	单位
投资偿还期(N)	$N=I/F$	0.20	a
净现值(NPV)	$NPV=\sum_{j=1}^{n}\frac{F}{(1+i)^{j}}-I$	10.05	万元
内部收益率(IRR)	$\sum_{j=1}^{n}\frac{F}{(1+IRR)^{j}}-I=0$	511.83	%

通过可行性分析可知，方案总投资 0.60 万元，年经济效益 3.30 万元，投资偿还期 0.20 年，净现值 10.05 万元，内部收益率 511.83%，所以该方案经济可行。

6.3.4　客运行业新增接驳电动车方案

6.3.4.1　方案简介

某企业拟新增接驳电动车 150 辆，代替同款车型的柴油车。

6.3.4.2　技术可行性分析

项目采用了铝合金全承载车身、三相异步电机驱动系统、磷酸铁锂动力电池组的纯电动车作为公交车。项目技术较先进成熟。

6.3.4.3　环境可行性分析

每年增加电耗 684375 万千瓦·时，折标准煤当量值 84.11 吨，标准煤等价值 202.58 吨；减少柴油消耗 171093 升，折标准煤 214.40 吨。

因此，预计本项目实施后，可节能标准煤当量值 130.29t；标准煤等价值 11.82 吨。

6.3.4.4　经济可行性分析

150 辆电动接驳车共需投资 1100.00 万元。电动接驳车百公里电耗为 25 千瓦·时，按每辆车每天行驶 50 公里计算，每年增加电耗 150×25×50×365/100 千瓦·时＝684375 千瓦·时；而柴油公交车百公里油耗为 25 升，承载力约为电动接驳车的 4 倍，则每年减少柴油消耗约 150×25×50×365/

100/4 升=171093.75 升，按电力单价为 0.88 元/(千瓦·时)，柴油单价为 7.95 元/升计，共节约燃料费用为 75.80 万元。项目经济效益核算如表 6-3 所列。

表 6-3　项目经济效益核算

名　　称	计算式	数值	单位
总投资费用(I)		1100.00	万元
年新增利润(P)		75.80	万元
贴现率(R)		7.00	%
折旧期(n)		10.00	年
所得税率(i)		25.00	%
年折旧费(D)	$D=I/n$	110.00	万元
应税利润(T)	$T=P-D$	185.80	万元
净利润(E)	$E=T-S$	139.35	万元
年净现金流量(F)	$F=E+D$	249.35	万元
投资偿还期(N)	$N=I/F$	4.41	年
净现值(NPV)	$\mathrm{NPV}=\sum_{j=1}^{n}\frac{F}{(1+i)^{j}}-I$	651.33	万元
内部收益率(IRR)	$\sum_{j=1}^{n}\frac{F}{(1+\mathrm{IRR})^{j}}-I=0$	>40.00	%

通过经济核算可知，该方案投资偿还期为 4.41 年，小于 10.00 年；净现值为 651.33 万元，大于零；内部收益率大于银行贷款利率，因此本方案经济可行。

6.3.5　客运行业插电增程式电动车推广应用方案

6.3.5.1　方案简介

为积极响应《节能与新能源汽车产业发展规划（2012—2020 年）》，某企业计划新增 30 辆插电增程式电动车，以实现节能减排和新能源车的推广示范。

插电增程式电动车是一种配有车载供电功能的纯电动车辆，由整车控制器完成运行控制策略。电池组可由地面充电桩或车载充电器充电，发动机可采用燃油型或燃气型。整车运行模式可根据需要工作于纯电动模式、增程模式或混合动力模式（HEV）。当工作于增程模式时，节油率随电池组容量增大无限接近纯电动汽车，是纯电动汽车的平稳过渡车型。具有低速扭矩大、高速运行平稳、刹车能量回收效率高、结构简单易维修、实用性强的特点。

6.3.5.2 技术可行性分析

在电池电量充足时，动力电池驱动电机提供整车驱动功率需求，此时发动机不参与工作，当电池电量消耗到一定程度时，发动机启动，为电池提供能量，对动力电池进行充电；当电池电量充足时，发动机又停止工作，由电池驱动电机，提供整车驱动。

增程式的车有纯电动、混合动力、插电式三种工作模式。其中，插电式工作模式晚上用充电桩充电，白天有计划地把电池能量消耗掉，这样就介于混合动力和纯电动模式之间。按照这样特殊的优化设计，实践证明，节油量能达到50%以上。

一方面，公交车线路固定，这样可以控制公交车的行驶里程在蓄电池的续航里程内，而且公交车又能统一管理，可以在晚上集中进行充电，这样可以解决纯电动车续航里程和充电不方便的问题；另一方面，公交车的车速不高、行驶平稳，蓄电池的性能可以满足其动力性的要求，因此本方案技术可行。

6.3.5.3 环境可行性分析

每年增加电耗 1.95×10^6 千瓦·时，折标准煤当量值 239.66 吨，标准煤等价值 577.20 吨；减少柴油消耗 4.875×10^5 升，折标准煤 617.99 吨。

因此，该方案实施后，预计节能 378.33 吨（标准煤当量值）40.49 吨（标准煤等价值）。

6.3.5.4 经济可行性分析

共投入 30 辆插电增程式电动车，总投资 1700.00 万元。经试验，插电增程式车辆百公里电耗为 100 千瓦·时，同款柴油车百公里油耗为 25 升，按每辆车每年行驶 6.5 万公里计算，每年增加电耗 $30\times100\times6.5/100$ 千瓦·时 $=1.95\times10^6$ 千瓦·时，减少柴油消耗 $30\times25\times6.5$ 升 $=4.875\times10^5$ 升，共节约燃料费用为 48.75×7.95 万元 -195.00×0.88 万元 $=215.96$ 万元。项目经济效益核算如表6-4所列。

表6-4 项目经济效益核算

名 称	计算式	数值	单位
总投资费用(I)		1700.00	万元
年新增利润(P)		215.96	万元
贴现率(R)		7.00	%
折旧期(n)		10.00	年
所得税率(i)		25.00	%
年折旧费(D)	$D=I/n$	170.00	万元
应税利润(T)	$T=P-D$	385.96	万元
净利润(E)	$E=T-S$	289.47	万元
年净现金流量(F)	$F=E+D$	459.47	万元
投资偿还期(N)	$N=I/F$	3.70	年
净现值(NPV)	$\mathrm{NPV}=\sum_{j=1}^{n}\frac{F}{(1+i)^j}-I$	1527.13	万元
内部收益率(IRR)	$\sum_{j=1}^{n}\frac{F}{(1+\mathrm{IRR})^j}-I=0$	>40.00	%

通过经济核算可知，本项目投资偿还期为3.70年，小于10.00年；净现值为1527.13万元，大于零；内部收益率大于银行贷款利率。该方案经济可行。

6.4 清洁生产经验分析

6.4.1 企业1

企业1推行节能驾驶，邀请日本某汽车公司的专家对驾驶员进行培训，其所带来的益处包括提升燃油效率，从而节约成本，降低排放量使环境变得更加清洁，以及通过有效防止机动车事故来增加道路安全等。该项目中涉及的节能驾驶技巧与建议可以运用到工作和生活中。该企业亚太区的数百名驾驶员将会更加了解节约能源、生态环境保护与公众道路安全的重要性。

除了节能驾驶项目，该企业对环境可持续发展的承诺还包括加大对全电动和替代驱动车辆的投资，以及使用波音777货机，从而实现向燃油效率更高的车辆与飞机的转变。该企业新增近4000台运输车辆，燃油效率比替代车辆高出100%。截至2011年5月末，企业1全电动和混合动力车辆在全球拥有量超过400辆。自2005年起，该企业已经降低了15.1%的燃油消耗。

同时，该企业还推出“碳中和”计划，根据该计划，该企业将以年为单位，计算在全球递送信封所产生的二氧化碳量，并与非盈利组织BPTN合作，投资低碳发展或环境保护项目，来抵消运营时所产生的二氧化碳量。这些项目包括荷兰农田沼气设施、将退化的草地重新培育成商业森林的坦桑尼亚南部高原草地计划和泰国第一座垃圾填埋场气体回收系统等。

2008年，该企业成为美国运输产业中第一家设立减少全球飞机二氧化碳排放量和增加车队燃油效率目标的企业。截至2011年，该企业机队二氧化碳排放量与2005年基准相比减少13.8%。自2005年起，该企业有效提升机队的燃油效率，在美国境内平均每加仑千米（1gal=3.78541L）的燃油效率提高16%以上。该企业还拥有6座能提供超过6MW清洁可再生能源的太阳能设施。

该企业使用100%可回收材质制造并能100%回收的快递信封，此项“碳中和”计划涵盖该企业所有信封递送服务，每年该企业在全球运营中使用超过2亿个快递信封。

6.4.2 企业2

企业2建筑面积20万平方米，负责中国境内某品牌服装、鞋类、运动装备等的物流运营。企业2充分考虑节能、节水等措施，先后采用了地热空调、太阳能制热和智能建筑管理，同时充分利用自然光，并通过光感应、动作感应等设计来减少建筑能耗，自动化的流水线和分拣机均采用节能率高达70%的高效电机驱动，年节电在400万千瓦·时以上，相当于每年减少4200吨二氧化碳排放。项目同时采用的真空排污系统和耐旱绿化设计系统，还可以收集雨水对绿化进行灌溉，节水率高达75%，年节水8000吨以上，同时，为了不浪费纸箱资源，有效回收使用进库箱，公司把A6/A7里面较小的箱型设定为系统默认箱型。4个工人两人一组，每天5h能够挑选5000个废纸箱，整理2000个可用纸箱，不仅实现废物回收利用，还减轻垃圾线负荷，减少污染，同时降低成本，提高装车配载率。

6.4.3 企业3

企业3拥有近300万个运输周转箱，拥有专门为运输液体、固体和粉末而开发的高强度钢质周转箱。每个周转箱采用标准化设计，容积为1400升，承载量约为1500千克，相当于7个容量为55加仑的铁桶；周转箱带有四面叉地脚方便储运；满箱可以五层叠放；每个20英尺（1英尺=0.3048米）的集装箱可以装载16个满载周转箱，63个空箱。这样的设计使周转箱可实现单人操作，为客户节省20%的运输仓储成本。另外，箱子有新加坡的绿色标识，这是进入国际市场的通行证，可以有效地避免“绿色壁垒”。

企业3用4R1D原则来设计周转箱，从原材料的选择、产品制造到使用和废物回收的整个生命周期，均符合生态环境保护，即4R1D原则。与一次性运输包装的材料相比较（木箱、铁桶），周转箱的用材要多一些，但是因为周转箱可以多次重复使用，这样平均下来就远远小于木箱、铁桶的用材。选用金属材料，箱体可以折叠，方便回收再使用，使用寿命长达8年。在多次重复使用之后，废弃包装可以回收再利用。金属材质的包装不存在白色污染，不需要降解腐化，直接可以再利用，回收成本比较低。

6.4.4 企业4

在生态环境保护方面，企业4一直在行动，除了企业基金会开展的一系列环保公益项目以外，在公司的日常运作过程中，也针对环保低碳，开展了一系列工作。

1）物资采购　前沿管控，集约资源。采购环节是环保节能的排头兵和前沿阵地，也是绿色物流的本质内容，在这个环节把好了关，通过整合资源，优化配置，企业可以提高资源利用率，减少资源浪费，对环保工作来说，能起到事半功倍的效果。

2）目前的操作物料基本上均为环保材料，通过SGS的检测，达到欧盟的RoHS标准。如文件封采用回收后的废纸作为原材料；透明胶主要原材料为BOPP等可回收材料；封车条主要原材料为PP，也是可以回收的。

3）从节约能源的角度出发，该企业全网络集中宣传“从我做起，节约能源”的口号，办公场所全部换上了节能灯。该企业办公系统中的所有资产在选型阶段都已经考虑到了环保节能的因素，特别是 IT 电器设备，在采购时必须遵循国际上几个强制性的认证，进行统一招标选购。该企业在工程建设中充分考虑节能环保，积极把新能源新技术运用其中，尤以太阳能、风能的运用最为系统全面。该企业太阳能应用项目主要包含两大类：太阳能热水器，提供给员工洗浴使用的太阳能热水器，条件适合的话，可大面积推广；太阳能光伏发电系统，提供运作场地室外照明使用的太阳能光伏发电系统（路灯、庭院灯等非关键部位使用的照明）。

4）资产管理 优化淘汰机制，力争变废为宝。该企业所有的办公和运作物料，最后在报废退出时，都必须要强制认证，符合国家的环保指标。而具体的处理方式则有：淘汰或者准备报废的电子产品通常不是直接变卖，而是先将其拆卸，可以利用的配件，就进行循环使用；而不可利用部分，则是通过专业的机构进行回收。例如，报废的大量锂电池，该企业规定是不能随便丢弃的，而是由各个地区指定的回收点进行回收，然后定期交付给总部，最后由总部交给专业的回收机构来进行回收处理。对于有些还有利用价值的 IT 产品，像办公用的笔记本电脑和台式电脑，一般是把它交付给另外一个同事去使用，充分完成其后续的使用价值。通过这样一种方式能尽量减少电子产品对环境的污染。

5）该企业使用量大的编织袋，推行重复使用的原则，目前每个片区都在做试点。而对于无法回收的包装纸箱，鼓励客户再用来包装东西。至于废旧衣物（工服）则集中回收，交给火力发电厂进行焚烧发电。目前，新版胶袋上还都做出了可回收利用的标识。该企业对废旧物料处理的原则就是利益最大化、安全环保和防止外流。

6）运输环节 运输过程中的燃油消耗和尾气排放是物流活动造成环境污染的主要原因之一。因此，要想打造绿色物流，首先要对运输线路进行合理布局与规划，通过缩短运输路线，提高车辆装载率等措施，实现节能减排的目标。另外，还要注重对运输车辆的养护，使用清洁燃料，减少能耗及尾气排放。

6.4.5 企业 5

企业 5 大力推进节能减排、技术创新，实施绿色公交发展规划，取得显著成效。

① 车辆更新，加速淘汰耗能高、污染大、性能差的老旧车辆，新增了一批达到国家排放标准、配置先进、安全性高、乘坐舒适的新型公交车。几年来，更新 3000 多辆。在更新车辆的同时，为充分利用现有车辆资源，该企业实施了对部分自用车辆的发动机升级改造，升级 1000 多辆。

② 在车辆保障方面，该企业实施了燃油供应社会化、物资采购集约化、车辆维修专业化的“三化”改革，建立了新型高效的车辆保障体系。在燃料供应上，通过与中石化和燃气集团的合作，确保了燃料供应的安全；在物资供应上，通过集中采购，在降低成本的同时，保证了配件品质；在车辆维修上，通过专业分工，提高了生产效率和维修质量，降低了车辆保修过程中的污染排放。

该企业的车辆保修中心具有先进的保修设备和环保设施，保修能力达到年高级保养 4000 台次、发动机大修 2000 台次、车身翻新 500 部，居全国同行业之首。保修中心建成投产后，该企业对所属的其他 3 个大型保养厂实施了厂房设备改造，提升了维修能力和节能环保水平。此外，该企业还在 26 个公交停车站点建设了撬装加油站。这是一种集加油机、阻隔防爆储油罐、阻隔防爆油气回收装置和自动灭火器于一体的加油装置，既安全防爆又不污染大气及地下水资源，与传统加油站相比，具有绿色环保、营运成本低、阻隔防爆效果好，设计灵活可移动等诸多优势。

③ 在技术创新方面，该企业进行了节能新型公交车的研发，由集团所属保修公司客车装配厂负责。2009 年 1 月完成了金马新型客车的设计，11 月首批生产的 20 部金马牌 TJK6105G 型 10m 大客车投入运营。与同类车型相比，车体自重减轻了 500 千克，从实际运营效果看，百公里燃油消耗为 25.4 升，低于同类车辆的单耗水平。该车型选用的是公交专用底盘，对传动系统进行了优化匹配，具有承载能力强的优点。全车线束根据不同部位采用了耐 125～180℃的电线，确保用电安全；在发动机舱内容易引发火灾的部位配备了自动灭火装置，并在车内配备了干粉灭火器和防盗应急安全锤，增强了乘用的安全性。

④ 在管理方面，该企业抓长效机制的建立，抓相关制度的落实。为落实节油工作，该企业在基层车队实行每月定期进行燃料消耗分析，排查大点车，针对人或车不同的因素，采取相应解决办法，并将每个驾驶员燃料完成情况定期上墙公示，加强考核。运营公司技术部门经常派人深入车队，协助

车队进行油耗调查，对驾驶员进行操作培训。保修公司大力配合运营公司对油耗高的车辆进行整修。2009 年，该企业总体百公里柴油消耗为 25.5 升，在同行业中处于较低水平。在尾气治理工作上，坚持“三检”制度，即车队日常检查、各运营公司技术部门路查和集团下线检查，平均每月检查车辆 2100 部，对不合格车辆及时进行整修。

6.4.6　企业 6

2014 年 12 月 31 日，企业 6 经营的北京城区 500 台纯电动出租车（见图 6-18）示范运营，不仅是电动车在出租汽车行业的试点示范，同时也是节能减排工作在出租车领域的试点示范。示范车辆车型为 EV200，该车型搭载了额定功率 30kW、最大功率可达 53kW 的电动机，采用与韩国某公司合资生产的三元锂电池，综合工况下续航里程可以达到 200km，经济时速下可以达到 240km 的续航里程。

相关统计数据显示，一辆燃油出租车尾气排放量是一辆私家车的 7 倍左右。500 辆纯电动出租车因其零排放的特点，将相当于间接减少约为 3500 辆私家车的尾气排放量。此前，北京市已经在远郊区县试点投放纯电动小客车示范运营，在运营过程中积累了较好的运营服务经验，为此次纯电动车在出租汽车领域示范运营创造了条件。

图 6-18　纯电动出租车

参考文献

[1] 赵晓华,陈晨,伍毅平，等．出租车驾驶员驾驶行为对油耗的影响及潜力分析［J］．交通运输系统工程与信息，2015（4）：85-91

[2] 巫伟亮．LPG开启出租车节能环保新时代［J］．运输经理世界，2006（10）：86-87.

[3] 云永东,何少英,宣泽贵．一家环保型的出租车企业——记广州交通集团出租汽车有限公司［J］. 广东交通，2010（1）：12-14.

[4] 朱鲤．上海市节能环保型公交车发展之路［J］．交通与运输，2014（2）；39-41.

[5] 李世豪．推进公交节能 发展节能环保型城市客车［J］．城市车辆，2005（6）：28-30.

[6] 王若平,蒋雪婷,张传睿．环保型城市公交车的推广［J］．城市公用事业，2011，25（1）：50-52.

[7] 王大军．上海推广应用环保型公交车的思考［J］．交通与港航，2015（1）：50-53.

[8] 邓超,张庆英,胡镔．快递包装碳足迹研究［J］．物流工程与管理，2014（9）：162-164.

[9] 何飞,季金震,陈乃源．快递企业配送环节节能减排策略［J］．合作经济与科技，2015（17）：111-112.

[10] 杨涛．上海快递业的发展对城市交通和节能减排的影响特征分析［J］．城市公共事业，2013（3）：12-15.

[11] 翁心刚,姜旭．日本绿色物流发展的状况及启示［J］．中国流通经济，2011（1）：57-65.

[12] 苏雅英,张向前,周岳亮．基于BSC的快递企业绿色发展战略绩效评价［J］．企业经济，2015（10）：20-25.

[13] 蒋活,张晓惠．对电商建立快递纸箱的回收利用机制［J］．上海包装，2015（10）：38-40.

[14] 王理．关注环保难题 加快对快递包装分类回收［J］．中国包装，2014（3）：55-57.

[15] 李茜．日本交通运输节能减排经验对我国的启示［J］．综合运输，2010（9）：73-77.

[16] 熊学斌．节能减排 城市出租车满载营运管理研究［J］．交通企业管理，2007（10）：25-26.

[17] 李孟良,胡友波,艾毅．混合动力城市公交车节能环保效益分析与研究［J］．武汉理工大学学报（交通科学与工程版），2010（5）：944-948.

第7章 交通运输行业清洁生产典型案例

7.1 轨道交通业清洁生产审核案例

7.1.1 单位概况

某轨道公司运营一条地铁线路，共有职工4300人，运营里程62公里。

7.1.2 预审核

7.1.2.1 主体设施与设备情况

（1）主要耗能设备

对该轨道运营公司供配电系统、供暖系统、给水排水系统、照明系统、空调及通风系统、动力系统及维修系统等进行分析，基本情况如表7-1所列。

表7-1 主要耗能设备

序号	基础设施	基本情况
1	供配电系统	共有146台变压器
2	供暖系统	供暖主要采用DXL和4L两种锅炉，DXL型锅炉3台，总功率共8.4kW，4L型锅炉8台，总功率共66.4kW

续表

序号	基础设施	基本情况
3	给排水系统	给排水系统主要用能设备有污水泵、消防泵、潜水泵等，共 483 台，5002kW。污水处理系统共 3 座污水处理站，总功率共 288.7kW
4	照明系统	照明系统包括公共区、设备房间、安全门灯带，其中 T4 1283 只、T5 44971 只、4U 筒灯 262 只、环形灯 137 只、筒灯 5439 只、射灯 151 只
5	空调及通风系统	RTHD 水冷螺杆式冷水机组 28 台，RTWD 水冷螺杆式冷水机组 2 台；空调机组 145 台；风机 555 台；冷水水泵 188 台
6	动力系统	卷帘门 124 个，安全门 37 个，自动扶梯 235 台，垂直电梯 72 台
7	维修系统	天车 3 台，不落轮 1 台，洗车机 3 台，架车机 5 台，其他设备 2 台，维修系统总功率 590.6kW

(2) 主要建筑情况

轨道线路共 35 个车站。所有车站中，中侧式站台 1 个，一岛一侧式站台 1 个，岛式站台 33 个，端头厅式站厅 12 个，通厅式站厅 23 个。

场段建筑包括停车库、联检库、维修中心等 31 个，为运行车辆及设备提供维修、停放、清洁等服务。

(3) 主要交通工具

该轨道运营公司用能主要为地铁车辆，目前所运营的 A 号线轨道线路主要使用车型为南车四方公司制造的 SFM05 型，B 型车 6 节编组。

行政交通工具主要有金杯、尼桑、依维柯等普通客车，共 29 辆。

7.1.2.2 原辅材料消耗分析

原辅材料消耗主要包括机油、电池、润滑油等。近 3 年完整年度为考察期，主要原辅材料消耗量如表 7-2 所列。

表 7-2 近年主要消耗品数量

消耗品 \ 年份	年份 1	年份 2	年份 3
长城 15W/40SE 机油/kg	280	280	280
TR-1 润滑油/kg	63	70	70
镉镍电池组/套	112		
铅蓄电池/块		72	8
充电式电锤用充电电池/块		1	
电瓶(NP38-12- 12V- 38AH)/UPS 电池/块		272	

续表

消耗品＼年份	年份1	年份2	年份3
电瓶(NP55-12- 12V- 55AH)/UPS电池/块		416	
电瓶(NP24-12-12V-24AH)/UPS电池/块		16	
灯管/支	21414	26790	

7.1.2.3 水消耗情况

某公司A号线水资源消耗数据见表7-3。该公司供水水源为市政用水及废水处理后的中水，主要分为车站用水和场段用水。在车站部分，水资源消耗主要为卫生间等生活用水和空调系统消耗，全部来源于市政用水。所产生的废水排入市政管道。

表7-3 某公司A号线水资源消耗数据

指标＼年份	年份1	年份2	年份3
水/m^3	447357	447484	448964
单位客运量耗水量/(m^3/人次)	1.01	0.95	0.74
单位客运周转量耗水量/[m^3/(人次·km)]	0.11	0.10	0.08
单位建筑面积耗水量(车站)/(t/m^2)	4.01	4.11	4.35
单位建筑面积耗水量(车辆段)/(t/m^2)	1.30	1.22	1.02
单位营业收入水耗/(t/万元)	7.14	6.75	6.35

从图7-1中可以看出，随着客运量的上升，该轨道运营公司A号线的水资源消耗量的增长趋势逐步放缓。

通过分析单位客运量、单位客运周转量耗水量指标后发现，近年来，该公司A号线的单位耗水量在不断降低。其中，单位客运量耗水量累积下降26.7%，单位客运周转量的耗水量累积下降27.3%。

7.1.2.4 能源消耗情况

该公司运营活动中消耗的能源主要是电力、天然气。电力消耗主要是牵引用电、车站内的照明、动力、空调等，商业用电以及场段内的行政办公、维修、供暖、污水处理、排水等方面的用能。天然气消耗主要为燃气锅炉消

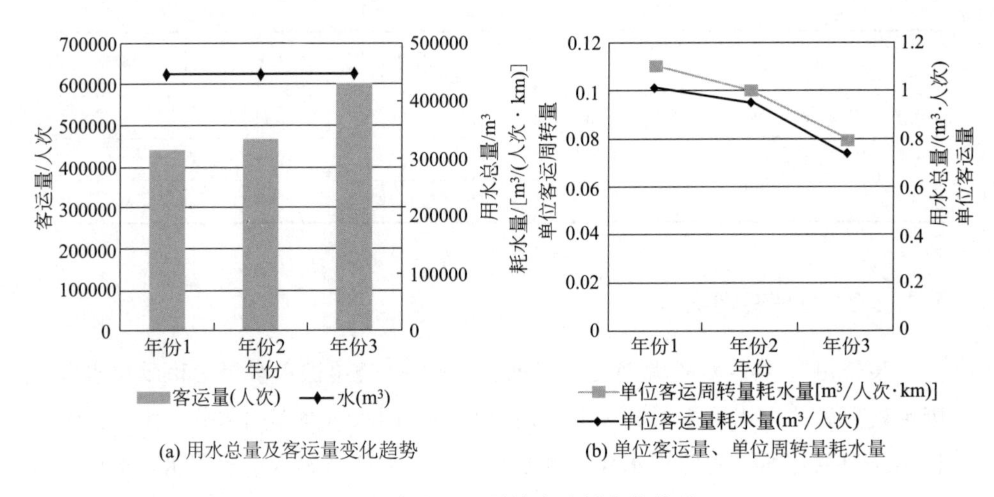

(a) 用水总量及客运量变化趋势　　(b) 单位客运量、单位周转量耗水量

图 7-1　该公司 A 号线水消耗变化情况

耗。除此以外，还有部分柴油和汽油主要用于运营辅助车辆的燃油消耗。近3 年该公司能源消耗情况见表 7-4。

表 7-4　近 3 年该公司 A 号线能源消耗情况

能耗指标＼年份	年份 1	年份 2	年份 3
综合能耗(按标准煤计)/t	26272	26830	27203
万人次综合能耗(按标准煤计)/kg	0.81	0.745	0.68
万人公里综合能耗(按标准煤计)/kg	0.087	0.078	0.069
单位建筑面积车站能耗(按标准煤计)/(kg/m^2)	201.36	205.64	208.5
电耗/($10^4 kW \cdot h$)	19244.8	19760.2	20249.6
天然气消耗量/m^3	1958559	1935600	1778006
单位采暖面积消耗天然气量/[$m^3/(m^2 \cdot a)$]	14.11	13.94	12.81
汽油消耗量/t	53.71	61.1	58.52
柴油消耗量/t	111.37	71.6	48.94

由图 7-2 可知，该公司万人次综合能耗、万人公里综合能耗呈逐年下降趋势。3 年万人次综合能耗累计下降 16%，万人公里综合能耗累计下降 21%，说明该轨道公司客运服务的能耗强度有较大程度的降低，能耗效率提高明显。

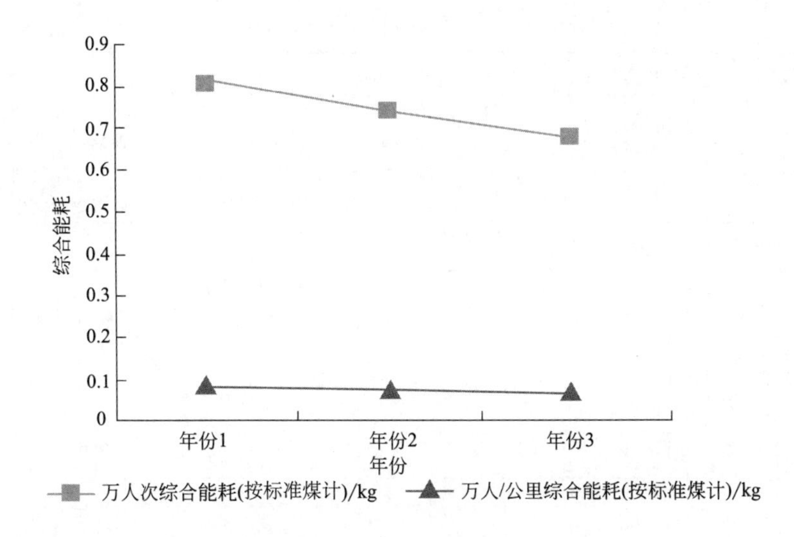

图 7-2　该公司 A 号线能源消耗情况

通过分析该公司能耗占比（见表 7-5），能耗中电能消耗占 91.48%，为第一大能耗源；天然气消耗占总量的 7.94%，为第二大能耗源；汽油、柴油的能耗占总量的比例分别为 0.32%、0.26%，占比极小。

表 7-5　该公司能耗占比分析

能耗种类＼项目	消耗量(按标准煤计)/t	占比/%
汽油	86.11	0.32
柴油	71.31	0.26
天然气	2159.03	7.94
电	24886.80	91.48
综合能耗	27203.25	100.00

7.1.2.5　主要污染物排放及控制情况

该公司产生的主要污染物包括生活污水、生产性废水（含油）、生活垃圾、固体污染物（含危险废物）、废气和臭气等。生活垃圾、固体污染物等通过委托专门的服务机构进行处理，并签订了委托协议，同时，在日常过程中也建立了危险废物管理台账，登记危险废物的产生量和处理量。表 7-6 为主要污染物及产排控制措施。

表 7-6　主要污染物及产排控制措施

污染物种类	污染物名称	污染物来源	污染因子	处理措施
废水	生活污水	车站、场段中的行政办公楼、司乘公寓、培训中心等附属办公设施	COD、SS、NH_3-N	经污水处理站处理后，部分中水回收利用，另外的排入市政管网中
	生产性废水	场段中的检修、维修、洗车等维修系统，以及锅炉房	COD、SS、油渍以及灰尘	
固体废物	废矿物油	检修库、维修库、璇轮库等产生的废油	矿物油	委托处理
	黏油杂物	维修、检修中产生的抹布、手套		
	废旧灯管	车站、场段中报废的旧灯管	铅、汞、有毒有机物	
	其他废物	废旧电池、UPS 等	铅、汞、有毒有机物	委托处理
	污水处理站污泥	2 座污水处理站		委托清污
	生活垃圾	车站、场段中行政、后勤人员产生的生活垃圾		委托清运
废气	锅炉烟气	锅炉燃烧	NO_x	直接排放
臭气	臭气	车站风亭	—	直排，委托监测

该公司在运营服务过程中产生的噪声主要来源于场段内的锅炉房、空调机组等设备的运行噪声，以及各个车站内列车通行过程中产生的噪声。

通过查阅典型站点的周边噪声检测报告以及相关的标准规范，发现各项检测结果都达标，符合环境保护的要求。

7.1.2.6　清洁生产现状水平评价

（1）国家及地方政策符合性分析

根据《产业结构调整指导目录》的规定，该公司的城市轨道交通建设属于鼓励类的产业。对该公司所有用电设备进行摸底，现有部分设备内置的电机存在着淘汰类的设备，该公司已进行全面统计，安排更新计划，尽快进行淘汰。

（2）对比分析

为充分评价该公司清洁生产水平，查找清洁生产工作中的不足之处，现按照《清洁生产评价指标体系　交通运输业》的要求，对该公司的清洁生产水平进行定性和定量相结合的评价。通过测算和评价，该公司清洁生产综合评价指数为 89 分。考虑到该公司现有部分电机存在待淘汰的问题，结合该公司清洁生产综合评价指数的得分，评定该公司等级为“三级清洁生产企业”。

7.1.2.7　确定审核重点

该公司在运营服务过程中消耗的能源主要是电力、天然气和水，产生的污染物主要包括生活污水、生产性废水（含油）、固体废物（生活垃圾、危险废物）、废气及噪声等。经过现场调研和分析，审核小组发现该公司对于各类污染物的排放和处理都符合环保要求，对环境造成的负荷较轻。

在资源消耗方面，该公司的单位建筑面积的耗水量指标为1.7t/m^2，高于行业基准值（1.2t/m^2）。该公司水消耗情况主要包括车站和场段两个部分。由于车站消耗的水资源主要是生活消耗，消耗量小。因此，本轮清洁生产审核将选取场段的水资源消耗进行清洁生产审核工作。

在能耗方面，目前该公司的能源消耗构成以电能、天然气为主。按照功能区域分，电能消耗主要可以区分为场段和车站消耗。不同车站之间的电能计量情况较为相似。因此，本轮清洁生产审核将选取1个典型车站以及场段进行电力系统的清洁生产审核。

综合考虑以上因素，确定选择该轨道公司M车辆段及A号线某车站作为本次清洁生产审核重点。

7.1.2.8　设置清洁生产目标

结合该公司近年最高水平，设定清洁生产目标，见表7-7。

表7-7　该公司清洁生产目标

项目 序号	清洁生产指标	现状	近期目标(自审核启动一年内)		中远期目标(审核启动3～5年)	
			绝对量	相对量/%	绝对量	相对量/%
1	万人公里综合能耗(按标准煤计)/t	0.068	0.067	−1.47	0.066	−2.94
2	万人次城市轨道交通能耗(按标准煤计)/t	0.599	0.55	−8.18	0.53	−11.52
3	车公里牵引电耗/(kW·h)	1.889	1.8	−4.71	1.7	−10.01
4	单位建筑面积耗水量(车站)/(t/m^2)	4.35	4.3	−1.15	4.25	−2.30
5	单位建筑面积耗水量(车辆段)/(t/m^2)	1.02	1.01	−0.98	1	−1.96

续表

序号＼项目	清洁生产指标	现状	近期目标（自审核启动一年内）		中远期目标（审核启动3～5年）	
			绝对量	相对量/%	绝对量	相对量/%
6	单位采暖面积耗天然气量/(m^3/m^2)	12.81	12.8	－0.08	12.75	－0.47
7	单位建筑面积车站能耗（按标准煤计）/(t/m^2)	23	22	－4.35	20	－13.04
8	单位建筑面积排水量（车站）/(t/m^2)	3.48	3.4	－2.30	3.2	－8.05
9	单位建筑面积排水量（车辆段）/(t/m^2)	0.01	0.009	－10.00	0.008	－20.00

7.1.3 审核

7.1.3.1 水平衡实测分析

（1）某车站水平衡实测分析

某车站生活用水量较大，其中，站厅员工卫生间占44%，休息室水盆占5%，站台卫生间占3%，占据总用水量的52%，由此可见，轨道员工是站台用水的主要对象；真正用于轨道运营的部分仅占总用水量的32%，其中包括站厅洒水栓24%、冷却塔总供水8%两部分；其余16%的水量用于清洗墩布。通过现场考察，卫生间龙头不是节水龙头，建议对所有车站卫生间龙头进行重新选型，可采用按压自动回弹式节水龙头，减少水耗。水平衡测试数据分析见图7-3。

（2）M车辆段水平衡实测和分析

在M车辆段全部用水中，工作用水量较大，其中停车库用水比例高达96%，锅炉房（工作）、洗车库、璇轮库各占1%；生活用水仅占1%。从以上数据分析得知，停车库为M车辆段用水的主要去向。如图7-4所示。

7.1.3.2 电能平衡实测分析

（1）某车站电能平衡实测和分析

某车站运营用电中，动力照明占84%；商业用电占16%。如图7-5所

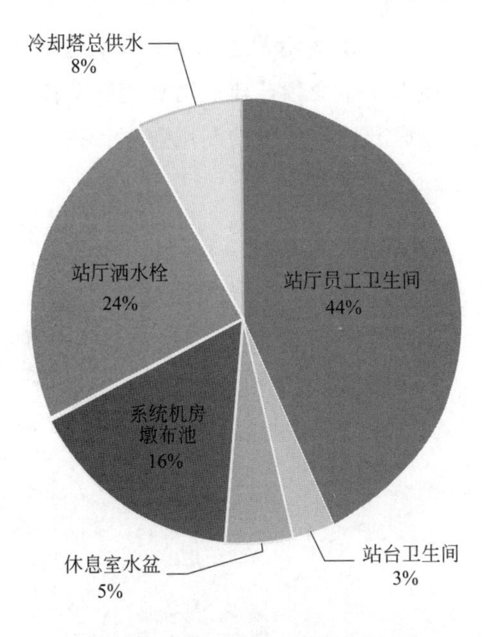

图 7-3　某车站水平衡测试数据分析

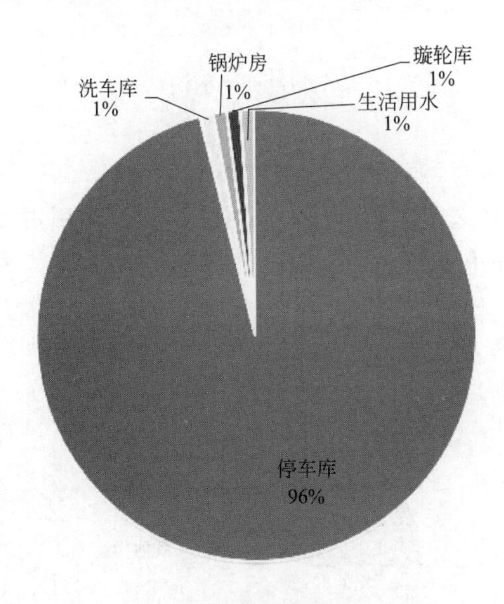

图 7-4　M 车辆段水平衡测试数据分析

示。动力照明用电主要为空调、售票机、闸机、电梯、信号系统、给排水泵及照明用电。通过现场查看，发现车站设备房、监察亭用电管理粗放，存在无人值守时设备房间灯光长亮、非运营设备常开的状况，建议加强管理；目前该公司所有车站照明灯具还使用普通照明灯具，建议改为LED灯；某些车站空调及通风系统还未使用变频，建议增加变频及控制装置实现冷机的启停控制及水泵的变频，提升站内冷量的利用效率，减少电能消耗。

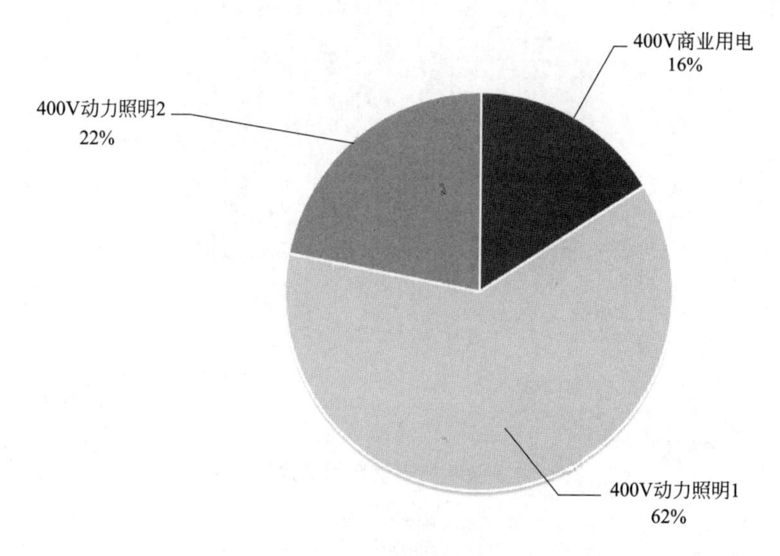

图 7-5　某车站电能平衡测试数据分析

(2) M车辆段电能平衡实测和分析

在M车辆段全部用电中，动力照明占72%，牵引占26%；生活用电即食堂用电，占总用电量的2%。如图7-6所示。

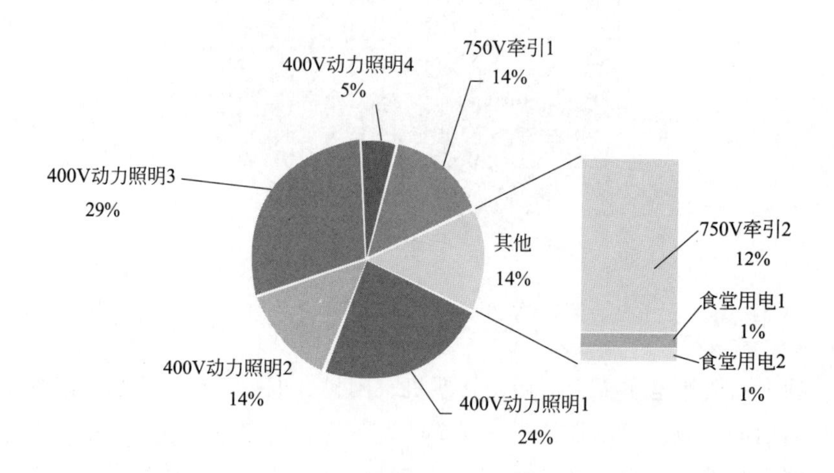

图 7-6　M车辆段电能平衡测试数据分析

7.1.4 方案的产生和筛选

本轮清洁生产审核提出的部分清洁生产方案如表 7-8 所列。

表 7-8　部分清洁生产方案汇总

编号	方案名称	方案简介
一、原辅材料和能源		
F1	A 号线 LED 绿色照明改造	将 A 号线部分车站(10 个车站)的普通照明灯具改造为 LED 灯具
F2	列车再生电能利用	当轨道列车开始制动时,通常采用电制动,牵引电机由电动机状态转换成发电机状态,将车辆行进的动能转换成电能产生制动力。当速度降到一定值时,再由电制动换成机械制动。采用电制动,将再生的能量反馈到支流牵引网,供其他列车使用
二、设备维护和更新		
F3	低噪声设备采用	通过采购钢轨打磨车对钢轨进行打磨,消除电客车车轮与钢轨摩擦产生的波磨,降低电客车运行产生的噪声
F4	公务车辆管理	(1)加强驾驶员培训,使驾驶员养成良好的驾驶习惯;减少油料消耗; (2)每季度对公司车辆进行一次技术状态检查,确保车辆良好,尾气不超标; (3)合理调度,减少出车概率; (4)合理规划行程路线,避免走冤枉路
F5	A 号线车站卫生间改造	A 号线洗手间改造中对水龙头重新进行了选型,采用按压自回弹式节水龙头,此种节水龙头既满足日常使用中的节水需要,同时又尽量避免了红外感应式水龙头在轨道环境、大客流环境下使用故障率高,无人使用情况下误动作出水的问题
三、过程优化控制		
F6	A 号线能源管理中心	为了能使公司更好地完成 A 号线能源消耗的统计、核算、分析、考核和改善,组织生产、成本核算,建立一套有效的自动化能源数据获取系统,对企业能源利用全过程即能源供应、使用消耗情况、能耗设备运行及能源消耗情况进行实时监测,以便企业实时掌握能源消耗状况、设备能效,及时采取应对措施
F7	A 号线空调及通风系统节能改造	某 3 个车站空调系统节能改造试点项目,改造通过增加相关变频及控制装置实现冷机的启停控制及水泵的变频,提升了站内冷量的利用效率,在保证环境舒适的同时,达到了节能减排的目的
F8	车站员工在当班期间减少一切非运营类用电	车站员工在当班期间减少一切非运营类用电支出,非运营时间内总控室、监察亭保持所有非工作类用电器的关闭,如员工卫生间、更衣室、休息室在无人时保持正常照明的关闭
F9	行政办公楼加强安保巡查	由保洁人员及安保部人员加强对行政办公区域的巡查,在无人办公时将除应急照明外的其他员工未及时关闭的照明、空调关闭

续表

编号	方案名称	方案简介
三、过程优化控制		
F10	在车站 BAS 上设定照明开关时间	在车站 BAS 上设定车站公共区工作照明的开关时间，车辆到站时开启，离站后关闭
F11	PIS 显示屏按时关闭	在车站 PIS 终端服务器上对 PIS 显示屏定时关闭，以达到节能效果
F12	变电所关闭 50％照明灯	（1）变电所关闭 50％照明灯，节约电能 50％； （2）当没有人员作业时，光照度降低到未对视频监控效果造成明显影响，可保证所需的清晰度；进行人员作业时，才开启全部照明
F13	运行图编制优化	优化列车运行图，减少开行车次及上线列车数，降低列车行走里程，从而对牵引能耗、司机配置、维修成本产生一定的影响
四、服务/产品		
F14	站内张贴环保墙贴	为积极倡导节能减排，设计并制作环保墙贴，并组织安排张贴在 A 号线、B 号线及 C 号线各个车站的扶梯、垃圾桶、卫生间洗手池、卫生纸筒旁等重点位置
F15	环保主题活动	通过多种传播手段积极开展绿色出行、低碳环保宣传
五、废物回收利用和循环使用		
F16	废旧物资收集处理	对于废包装材料，注重循环使用，其他废旧物资，在不影响环境的条件下，做好分类储存，由公司统一联系供应商处理；对于废弃危险化学品，严格执行国家相关法律、法规，收集后由采购部委托具有相关资质的经营单位处置
六、管理		
F17	采用节能驾驶模式	在运营低峰时期，通过采用节能驾驶模式（ATS 控制），降低能耗
F18	减少 CIDS（中央信息发布系统）打印机用户	CIDS 系统可以接入特定打印机，控制中心发布相关信息的时候，可以自动打印发布的信息；部分非一线岗位的管理人员/员工，可以仅安装接收端程序，通过电脑查看信息

共提出 4 项中/高费方案，方案简介如表 7-9 所列。

表 7-9 清洁生产中/高费方案

编号	方案名称	方案简介
F1	A 号线 LED 绿色照明改造	将 A 号线部分车站（10 个车站）的普通照明灯具改造为 LED 灯具
F3	低噪声设备采用	通过采购钢轨打磨车对钢轨进行打磨，消除电客车车轮与钢轨摩擦产生的波磨，降低电客车运行产生的噪声

续表

编号	方案名称	方案简介
F6	A 号线能源管理中心	为了能使公司更好完成 A 号线能源消耗的统计、核算、分析、考核和改善,组织生产、成本核算,建立一套有效的自动化能源数据获取系统,对企业能源利用全过程即能源供应、使用消耗情况、能耗设备运行及能源消耗情况进行实时监测,以便企业实时掌握能源消耗状况,设备能效,及时采取应对措施
F7	A 号线空调及通风系统节能改造	某 3 个车站空调系统节能改造试点项目,本次改造通过增加相关变频及控制装置实现冷机的启停控制及水泵的变频,提升了站内冷量的利用效率,在保证环境舒适的同时,达到了节能减排的目的

7.1.5 部分中/高费方案可行性分析

7.1.5.1 A 号线 LED 绿色照明改造项目

(1) 方案介绍

将 A 号线部分车站（10 个车站）的普通照明灯具改造为 LED 灯具。本次改造利用 LED 光源替换 A 号线车站现有普通光源，在不改变站内结构与装修风格的情况下，既提升站内照度又达到了节能减排的目的。

(2) 技术可行性分析

在确保照度满足使用及规范要求的前提下，将公司既有线路车站、停车库、区间及列车客室相关区域内传统日光灯管更换为使用寿命长、耗电量小的 LED 光源，以此达到节能效果。LED 能耗仅为白炽灯的 10%，荧光灯的 50%，它采用固体封装，寿命是荧光灯的 10 倍，白炽灯的 100 倍。

(3) 环境可行性分析

该项目实施后共节约电量 130 万千瓦·时/年，按标准煤计即 159.77 吨/年。

(4) 经济可行性分析

该方案总投资费用为 345 万元，包括灯具款（安装费、售后费等）约 241.5 万元，管理成本 51.75 万元，资金成本约 51.75 万元。

该项目运行后平均每个车站年节约电量 130424 千瓦·时。每年运行费用总节省金额：每站电费大约 11.2 万元，10 个车站共计 112 万元。投资偿还期 3.54 年。

7.1.5.2 A号线空调及通风系统节能改造试点项目

(1) 方案介绍

进行A号线3个车站空调系统节能改造试点项目，本次改造通过增加相关变频及控制装置实现冷机的启停控制及水泵的变频，提升了站内冷量的利用效率，在保证环境舒适的同时，达到了节能减排的目的。

(2) 技术可行性分析

该项目采用了一套全新的冷机控制方案，实现了通过检测室外焓值变化控制冷机启停。在设定时间范围内，当室外空气焓值<设定焓值−裕度，并且持续一定时间时，冷机停止运行；当室外空气焓值>设定焓值+裕度，并且持续一定时间时，冷机开始运行。冷机运行时，当一台冷机负荷较高时，系统自动加载第二台冷机；反之，当负荷较低时，系统自动减载。

(3) 环境可行性分析

预计节电41.1万千瓦·时/年，按标准煤计即50.51吨/年。

(4) 经济可行性分析

该项目每个站点投资66.67万元，3个站点总投资费用为200万元。

项目运行后平均每站每年节约电量137289千瓦·时。每站每年节约电费11.8万元，3个车站共计每年节约35.4万元。投资偿还期6.8年。

7.1.6 实施效果分析

7.1.6.1 方案实施情况

通过本轮清洁生产审核，经过实施方案的产生和筛选以及方案的可行性分析，共确定清洁生产方案28项，其中无/低费方案26项、中/高费方案2项。目前，通过本轮清洁生产审核的方案已经全部实施，实施率100%。清洁生产目标完成情况如表7-10所列。

表7-10 清洁生产目标完成情况

清洁生产指标	完成情况	近期目标	
		绝对量	相对量/%
万人公里综合能耗(按标准煤计)/t	0.066	0.067	−1.47

续表

清洁生产指标	完成情况	近期目标	
		绝对量	相对量/%
万人次城市轨道交通能耗(按标准煤计)/t	0.53	0.55	−8.18
车公里牵引电耗/(kW·h)	1.70	1.8	−4.71
单位建筑面积耗水量(车站)/(t/m^2)	4.26	4.3	−1.15
单位建筑面积耗水量(车辆段)/(t/m^2)	1.02	1.01	−0.98
单位采暖面积耗天然气量/(m^3/m^2)	12.81	12.8	−0.08
单位建筑面积车站能耗(按标准煤计)/(t/m^2)	22	22	−4.35
单位建筑面积排水量(车站)/(t/m^2)	3.2	3.4	−2.30
单位建筑面积排水量(车辆段)/(t/m^2)	0.009	0.009	−10.00

7.1.6.2 全部方案实施后成果预测分析

该公司本轮清洁生产方案全部实施后，年可节约电量5189.74万千瓦·时，折合标准煤6378.19吨，年可节约纸张12万张，年可产生经济效益4765.87万元。建立能源管理中心，能及时发现耗能设备异常，挖掘能耗潜力点，降低能耗和运营成本。

7.1.7 持续清洁生产

通过开展清洁生产审核，公司深刻地认识到污染预防和过程控制的重要性，特别是无/低费方案的实施，使企业获得了较为明显的经济效益和环境效益。正是基于此，将清洁生产审核纳入企业的日常管理、生产及研发中去，使其组织化、制度化、持续化。持续清洁生产的工作重点是建立推行和管理清洁生产工作的组织机构、建立促进实施清洁生产的管理制度、制订持续清洁生产计划。

7.2 出租车客运业清洁生产审核案例

7.2.1 单位概况

某出租汽车公司拥有小型客车4000余辆，旅游客运车约1000辆，员工8000余人。公司有总部和6个分公司共13个办公建筑。

7.2.2 预审核

7.2.2.1 主体设施与设备情况

（1）运营车辆系统

该公司运营车辆主要分为小型客车和旅游客车，消耗能源品种为汽油、天然气和柴油。小型客车消耗汽油和天然气，旅游客车消耗汽油和柴油。

按车辆类型分，小型客车占比76.28%，旅游客车占比23.72%。

按燃料品种分，小型客车中，CNG双燃料车占比18.85%，汽油车占比81.15%；旅游客车中，柴油车占比85.59%，汽油车占比14.41%。

按排放标准分，国Ⅲ排放标准的车辆占比16.68%，国Ⅳ排放标准的车辆占比68.94%，国Ⅴ排放标准的车辆占比14.38%。

（2）重点用能设备情况

该公司重点设备包括变配电系统、给排水系统、照明系统、空调系统等。主要设备介绍如下。

1）变配电系统　各办公建筑全部为租用，日常运行不属于该公司负责，变压器设备产权也不属于该公司所有。

2）给排水系统　新鲜水由该市自来水公司提供，由供水管线直接供应至综合业务楼及办公用房，用于卫生间冲水、洗澡用水及其他；排水经排水管道直接排至污水管网，不设污水处理设备。

3）照明系统　设施照明系统以T8日光灯管为主，公司开展绿色照明改造后更新部分T5日光灯和节能灯具。照明系统主要提供办公区域的照明，运行方式根据实际室内照度情况决定，以正常办公照度为标准，运行时间较为灵活。

4）空调系统　部分建筑为家用中央空调设备，其余建筑全部为壁挂式和柜式分体空调机。

5）供暖系统　该公司采暖方式分为市政集中供暖和分体空调。采用市政集中供暖的基础设施主要包括总部建筑、3个分公司的7个办公楼。采用分体空调供暖的基础设施为4个分公司的4个办公楼。

6）其他　该公司各基础设施综合服务系统主要为办公设备以及电开水器等。办公设备基本在办公时间运行，每天运行时间段为8：30～17：30；

其他设备基本根据需要适时开启。

7.2.2.2　水消耗情况

该公司水资源主要用于办公区生活，由该市自来水公司提供，生活污水直接排入化粪池，由卫生服务中心定期清理。审核考察期水资源消耗情况如表 7-11 所列。

表 7-11　该公司水资源消耗情况

指标名称	年份 1	年份 2	年份 3
单位办公区域面积取水量/(m^3/m^2)	0.86	0.64	0.61

7.2.2.3　能源消耗情况

（1）能源消耗总体情况

该公司消耗的能源主要有汽油、柴油、天然气、电力和热力，其总体情况如表 7-12 所列。

表 7-12　能源消耗总体情况

能源消耗		年份 1	年份 2	年份 3
实物量	汽油/L	27335595	26332497	24554817
	柴油/L	2022792	3757908	4000183
	天然气/m^3	0.00	0.00	1198795
	电力/(kW·h)	828428	832256	895097
	外购热力/GJ	4914.89	4914.89	5280
折标准煤吨数	汽油/t	29351.76	28234.55	26366.48
	柴油/t	2564.63	4758.72	5020.94
	天然气/t	0	0	1594.40
	电力/t	101.81	102.28	110.01
	外购热力/t	167.70	167.70	180.15
	合计/t	32185.90	33263.25	33271.98

表 7-13　能源消耗结构总体分析

能耗流向		年份 1	年份 2	年份 3
能耗量(按标准煤计)/t	车辆	31916.39	32993.27	32981.82
	基础设施	269.51	269.98	290.16
	总计	32185.90	33263.25	33271.98

续表

能耗流向		年份 1	年份 2	年份 3
占比/%	车辆	99.16	99.19	99.13
	基础设施	0.84	0.81	0.87
	合计	100	100	100

从表 7-13 可知，该公司车辆和基础设施消耗的能源占比基本保持平稳，车辆消耗的能源占比保持在 99%以上，而基础设施消耗的能源占比不到 1%。因此，该公司能耗重点为车辆消耗，清洁生产和节能环保工作应重点从车辆抓起。

（2）车辆能耗结构（按车辆类型分）

车辆消耗的能源主要是汽油、柴油和天然气，其具体消耗情况如表 7-14 所列。

表 7-14　车辆能耗结构分析

能源流向	消耗量	年份 1	年份 2	年份 3
小型客车	汽油/L	25372877	24283263	22317159
	天然气/m^3	0	0	1198795
	折标准煤吨数/t	27273.42	26083.14	25565.75
	占比/%	85.45	79.06	77.51
旅游客车	汽油/L	1962718	2049234	2237658
	柴油/L	2022792	3757908	4000183
	折标准煤吨数/t	4642.97	6910.13	7416.07
	占比/%	14.55	20.94	22.49
总计	折标准煤吨数/t	31916.39	32993.27	32981.82

由表 7-14 可知，车辆能耗包括小型客车消耗和旅游客车消耗，而小型客车能耗占全部车辆能耗的 75%以上。

（3）车辆能耗结构（按能源种类分）

由表 7-15 可知，该公司消耗最多的能源是汽油，且远高于柴油和天然气，但其用量逐年递减，占比也逐年递减。小型客车能源消耗变化情况基本与综合能耗变化趋势保持一致，且小型客车能耗占综合能耗的 76.84%，这说明，小型客车能耗情况是影响该公司综合能耗的主要因素。相对旅游客车和基础设施能耗而言，小型客车能源消耗可最大限度地代表该公司的综合能耗变化情况。

表 7-15　车辆能耗结构分析

能源消耗量		年份 1	年份 2	年份 3
实物量	汽油/L	27335595	26332497	24554817
	柴油/L	2022792	3757908	4000183
	天然气/m^3	0.00	0.00	1198795
折标准煤吨数/t	汽油	29351.76	28234.55	26366.48
	柴油	2564.63	4758.72	5020.94
	天然气	0.00	0.00	1594.40
	合计	31916.39	32993.27	32981.82
占比/%	汽油	91.96	85.58	79.94
	柴油	8.04	14.42	15.22
	天然气	0.00	0.00	4.83
	合计	100.00	100.00	100.00

7.2.2.4　主要污染物排放及控制情况

（1）大气污染物

该公司主要污染物是机动车尾气，汽车尾气主要成分是 CO、HC、NO_x 和 PM 等，目前拥有的车辆全部为交通管理局指定采购车辆，根据其投产年限的不同，分别执行机动车污染物排放限值及测量方法第三阶段、第四阶段和第五阶段（以下简称国Ⅲ、国Ⅳ和国Ⅴ）。车辆尾气排放与车辆性能以及司机驾驶技术和驾驶习惯有关，因此，该公司可采取有效措施，降低污染物的排放：一是从车辆上把关，定期检查车辆性能，推行车辆强制保养制度，保证现有车辆的良好性能；二是不断进行车辆淘汰更新，引进清洁燃料车型，从源头上控制污染的排放；三是在司机身上下功夫，定期组织驾驶技术培训和技能比赛，提升司机整体驾驶水平，同时每周召开例会，宣传和培训清洁生产相关知识，不断加强司机的清洁生产和节能环保意识。

（2）生活污水

办公楼主要污染物是生活污水，直接排入市政污水管网。生活污水排放满足《污水排入城镇下水道水质标准》（GB/T 31962—2015）的要求。

(3) 生活垃圾/固体废物

办公区域产生的生活垃圾，由市政垃圾运输公司定期清理和运输到指定垃圾处理厂进行处理。该出租汽车公司与垃圾清运公司签订清理运输协议，由垃圾清运公司定期清运。

(4) 噪声

该公司噪声污染主要来自运营车辆，车辆在启动和运行过程中均会产生噪声。而机关属于运营管理机构，且内部无鸣笛现象发生，不会产生噪声污染。

7.2.2.5 清洁生产现状水平评价

(1) 国家及地方政策符合性分析

该出租汽车公司严格遵循《机动车强制报废标准规定》第五条“各类机动车使用年限要求：(一) 小型、微型出租客运汽车使用8年，中型出租客运汽车使用10年，大型出租客运汽车使用12年；(二) 租赁载客汽车使用15年”的规定，提前淘汰老旧车辆。

该出租汽车公司新购入车辆为该市交通管理局指定车辆，符合《市出租汽车管理条例》的相关规定，符合国家建设部发布的《出租汽车运行技术条件》，符合该市环保局、市质量技术监督局和市公安局公安交通管理局颁布的《国家第五阶段机动车污染物排放标准》。

参照产业结构调整目录，鼓励公司开展出租汽车服务调度系统的开发与建设，公司没有使用淘汰类设备和淘汰落后产品，未使用国家环境保护部(现生态环境部)、国家发展改革委、工业与信息化部联合发布的《中国受控消耗臭氧层物质清单》中明令禁止使用的制冷剂、发泡剂、清洗剂等物质。

该公司污染物来源主要包括车辆尾气排放，其排放量符合《机动车污染物排放限值及测量方法》中环保标准的排放限值，同时，驾驶员使用的燃料均符合国家相关汽油质量要求。

(2) 清洁生产评价指标体系对比分析

根据《清洁生产评价指标体系　交通运输业》，该出租汽车公司清洁生产综合评价指数为84.52，清洁生产等级为二级，为先进水平企业。

7.2.2.6 确定审核重点

根据审核重点确定原则，将物料与能源消耗大、污染严重的环节或部位，环境与公众压力大的环节或部位，以及有明显清洁生产机会的环节和部位作为清洁生产审核的重点。通过权衡能源消耗和污染物产生等多方面因素，确定审核重点为小型客车运营车辆。

7.2.2.7 设置清洁生产目标

结合该公司近年最高水平，设定清洁生产目标。清洁生产审核目标设置如表 7-16 所列。

表 7-16 清洁生产审核目标设置

序号	清洁生产指标	单位	现状	近期目标		中期目标	
				绝对量	相对量/%	绝对量	相对量/%
1	万公里综合能耗(按标准煤计)	t	0.95	0.94	−1.05	0.80	−15.79
2	百公里油耗	L	8.95	8.90	−0.56	8.80	−1.68
3	办公区域单位建筑面积综合能耗(按标准煤计)	$kg/(m^2 \cdot a)$	5.23	5.10	−2.49	5.00	−4.40
4	单位建筑面积耗水量	$m^3/(m^2 \cdot a)$	0.61	0.58	−4.92	0.55	−9.84
5	办公区域单位面积排水量	$m^3/(m^2 \cdot a)$	0.49	0.46	−6.12	0.45	−8.16
6	每百公里 NO_x 排放量	g	0.05	0.05	0	0.048	−4.00
7	每百公里 HC 排放量	g	0.09	0.09	0	0.085	−5.55
8	每百公里 CO 排放量	g	0.61	0.61	0	0.58	−4.92

7.2.3 审核

7.2.3.1 审核重点运力平衡

运力损失原因如表 7-17 所列。

表 7-17 运力损失原因分析汇总

原辅料名称	消耗部位	影响因素				
		原辅材料和能源	服务流程	过程控制	服务/产品	员工
运力	车辆	CNG 加气站较少，且大部分设在四环以外，造成 CNG 双燃料车加气难，空驶率略高于汽油车	乘客上车到下一位乘客上车的空驶	双班车夜间行驶，打车乘客相对较少，造成空驶率相对较高	电召乘客违约导致空驶	驾驶经验影响空驶率

7.2.3.2 审核重点能量平衡分析

能耗高原因如表 7-18 所列。

表 7-18 能耗高原因分析汇总

消耗部位	能源名称	影响因素			
		服务流程	设备	过程控制	员工
小型客车发动机	汽油	车况、路况影响能耗	老旧车辆能耗高	双班车能耗高	良好的驾驶习惯能降低油耗

7.2.3.3 审核重点的主要污染因子平衡

废物产生原因如表 7-19 所列。

表 7-19 废物产生原因分析汇总

废物名称	产生部位	影响因素			
		原辅料和能源	设备	管理	员工
尾气	排气管、油箱、气罐	燃料燃烧做功，产生尾气排放	(1)车辆老化造成机械效率低，污染重； (2)空气滤清器、火花塞未定期进行检修和更换，造成污染重	(1)加强车辆的定期检修； (2)空气滤清器、火花塞的检修和更换制度不严	提高环保意识，改善驾驶习惯
噪声	车声、喇叭	无影响	(1)车辆行驶中轮胎与地面摩擦产生的冲击声； (2)车辆的各种机构运动件之间作用产生的摩擦噪声	加强车辆的定期检修和保养	驾驶员路面驾驶紧急刹车、急促按喇叭等

7.2.4 方案的产生和筛选

本轮清洁生产审核提出的部分清洁生产方案如表 7-20 所列。

表 7-20 部分清洁生产方案汇总

编号	方案名称	针对的问题	方案简介
一、原辅材料和能源			
F1	使用品质较高的燃料	汽车燃油效率低，尾气排放多	驾驶员选取正规加油站点，购买高品质燃料

续表

编号	方案名称	针对的问题	方案简介
一、原辅材料和能源			
F2	采用燃油添加剂	燃油利用率不高	对交通工具用油添加适量可靠的燃油添加剂，达到对发动机养护及提高燃油利用效率的目的
F3	双燃料改装	燃油费高	对小型客车进行双燃料改装，尽可能使用天然气代替汽油
二、服务流程			
F4	新建车辆资源动态监控项目	目前，车辆空驶率高，能耗高，有拒载现象	对车辆配备GPS系统，并设立数据中心。实时监测车辆的运营状态和司机的驾驶习惯等，由此进行统计分析，进而更好地制订相应的车辆保养规范、新能源车发展战略以及节能技改方案等
三、设备维护和更新			
F5	提前更新老旧小型客车	老旧车辆能耗高、污染重	提前淘汰车龄为5～6年的老旧车辆约520辆，并更新为符合“更新出租小轿车”要求的新车
F6	加强车辆定期排查	原来每2个月对车辆定期排查一次，车辆损耗大	每隔一个月，组织各分公司管理人员进行车辆定期排查，对存在隐患的车辆进行及时的维修和保养
F7	定期更换空气滤清器、火花塞	三元催化效果降低	每2万公里更换空气滤清器、每4万公里更换火花塞
F8	自来水管网改造	有漏点，造成水资源浪费	将地下自来水管网进行改造，彻底解决跑水隐患
F9	严格监督车辆	发动机老化，有漏油现象，且燃油效率降低，消耗大	按驾驶员上报行驶里程数，实时监督，达到额定行驶里程数即对发动机设备进行维护和保养
四、过程优化控制			
F10	推广电话叫车服务	目前电话叫车服务普及率不高，车辆空驶率较高	通过宣传和引导消费者，推广电话叫车服务，进而方便乘客打车，也能降低空驶率
F11	适当调整单、双班车辆车龄	双班、老旧车辆能耗高、污染重	调整新旧车辆的单、双班分配，尽量将新车设为双班车，而将老旧车辆设为单班车。可提高新车利用率，降低老旧车辆利用率，进而减少能耗和污染
五、服务/产品			
F12	定期检查车容车貌	空驶率高，更好的车容车貌能保证乘客选乘的概率	定期检查车容车貌，确保车辆干净整洁，符合运营要求
六、废物回收利用和循环使用			
F13	垃圾分类	设置垃圾分类回收，但是执行效果不好	加强人员对垃圾分类的认识，将可回收利用垃圾和不可回收利用垃圾分开

续表

编号	方案名称	针对的问题	方案简介
七、管理			
F14	减少办公区域节能灯的开启	办公室部分照明灯具为三管或双管灯，全部开启造成电能浪费	只开启双管或三管中的一支或两支灯具，能满足照明要求，且节约电耗
F15	张贴节能提示语	养成办公区节电节水习惯	在办公区电灯开关、水龙头处张贴节约提示语
八、员工			
F16	驾驶员节油培训	驾驶中急停急刹现象较为普遍，燃料消耗大，且车辆磨损严重	增强驾驶员节能意识、开展节能驾驶培训；加强驾驶员和乘务员职业技能培训，加大清洁生产、节约能源的宣传力度，提高司机的驾驶营运技巧
F17	开展节油大赛	司机有节油意识，但驾驶技术和节油经验各异	定期组织节油大赛，带动全体司机共同分享驾驶经验，提高全体司机的驾驶技术，并进行表彰和鼓励，带动积极性

7.2.5 中/高费方案可行性分析

7.2.5.1 新建车辆资源动态监控项目

（1）方案介绍

利用GPS监控系统与IC卡运营数据统计分析系统对车辆能耗、运营安全、服务管理进行改善，监控平台实行24h运行机制，可规范驾驶员的驾驶和服务行为，为清洁生产、节能减排、安全和服务管理排除盲区，同时，通过对车辆运营情况的数据统计和分析，为制订清洁生产工作计划提供可靠的事实依据，以期更好地进行管理。

（2）技术可行性分析

利用卫星定位、无线通信、地理信息、计算机网络等技术，建立车辆资源的“实时监督、智能监控”平台，实现对运营车辆运行过程、突发事件应急处理、运输组织的“实时监督”功能，有效提升运输安全保障能力、服务监控能力和运力组织水平。通过对车辆的动态监控，实现对车辆异常、服务异常的即时提醒与纠正，即实现“智能监控”功能，监督司机形成良好的驾驶习惯，实现节能减排、降低空驶率等目的，并可实现降低、减少、避免重大安全行车事故或服务违章情况的发生，以确保集团有效管理。

利用监控系统，可以在运力组织方面为驾驶员提供服务信息，更好地做好安全服务工作。通过此平台对车辆的监控适度减少了人力、物力投入，节约了相关成本费用及能源。

（3）环境可行性分析

建立车辆资源动态监控项目可减少车辆空驶率，减少车辆事故的发生，进而减少能源浪费，降低环境污染。

（4）经济可行性分析

本方案总投资193万元，短期内无明显的经济效益，但可降低空驶率，从长远看，还可为清洁生产、节能减排、安全管理等方面提供良好的依据和支撑，间接产生经济效益。

7.2.5.2 更新老旧小型客车

（1）方案介绍

提前淘汰车龄为5～6年的老旧车辆约520辆，并更新为符合“更新出租小轿车”要求的新车。新车严格按照《×市出租小轿车更新技术要求》执行，以提高车辆的适用性能及营运专用设备的装配率，优化乘客的乘车环境和驾驶员的运营服务环境为目标，推进科技信息化管理水平，结合安全、环保、科技，推出优质车型，提升全公司整体服务能力。

（2）技术可行性分析

该出租汽车公司目前运营的小型客车中有约520辆是2008～2009年投产使用的，虽然还未达到淘汰年限，但基于其长时间运营造成的磨损，而使得能耗较高，污染较重，因此将其提前淘汰，更换为排放标准较高、百公里耗油量较小的现代伊兰特BH7162AMZ。

BH7162AMZ伊兰特汽车属于成熟产品，具有价格适中、质量轻、风阻小、百公里油耗低等特点。

（3）环境可行性分析

1）资源和能源节约量　经核算，可节约汽油消耗量346385.00升，折合标准煤372.06吨。

2）污染物减排量　若按排放标准最高限值估算车辆污染物排放量，方案实施后至少可减排NO_x 0.95吨，且可减少CO、HC的排放。

(4) 经济可行性分析

经核算，方案净现值为－4680.00万元，内部收益率<0。但本方案实施后，可使司机节约燃料费用约246.28万元。

7.2.6 实施效果分析

方案实施后，清洁生产指标与设定的近期目标对比情况如表7-21所列。

表7-21 方案实施后清洁生产指标与近期目标对比

指标	现状	近期目标		方案实施后	
		绝对量	相对量/%	绝对量	相对量/%
万公里综合能耗(按标准煤计)/t	0.95	0.94	－1.05	0.94	－1.05
百公里油耗/L	8.95	8.80	－1.68	8.69	－2.91
办公区域单位建筑面积综合能耗(按标准煤计)/[kg/(m^2·a)]	5.23	5.10	－2.49	3.46	－33.84
办公区域单位建筑面积耗水量/[m^3/(m^2·a)]	0.61	0.58	－4.92	0.44	－27.87
办公区域单位面积排水量/[m^3/(m^2·a)]	0.49	0.46	－6.12	0.35	－28.57

7.2.7 持续清洁生产

公司通过开展清洁生产审核，制订了持续清洁生产计划，主要包括：a. 进一步宣传清洁生产的重要性，制订具体的活动计划；b. 持续挖掘清洁生产潜力；c. 继续征集合理化建议；d. 以服务过程为主的节能、降耗、减污、增效为后续的清洁生产审核重点；e. 定期开展清洁生产专题知识讲座，宣传清洁生产理念，培训企业内审员；f. 后续清洁生产目标仍按本轮清洁生产审核确定的目标执行。

7.3 公交电汽车客运业清洁生产审核案例

7.3.1 单位概况

某公交公司现有员工总数4167人，公交线路28条，运营线路总长度

710公里，有运营车1037辆，年运营里程近5621万公里，年运送乘客达到2.1亿人次。

7.3.2 预审核

7.3.2.1 服务情况

该公司审核考察期和基准期运营情况如表7-22所列。

表7-22 该公司审核考察期和基准期运营情况

项目	年份1	年份2	年份3(基准期)
运行里程/万公里	5524.53	5597.7	5620.51
主营业务收入/万元	10295.02	11417.93	11758.25
能源消费总量(按标准煤计)/t	25441.81	25771.85	27088.97
交通工具能源消耗总量(按标准煤计)/t	24926.04	25084.79	26538.25
基础设施能源消耗总量(按标准煤计)/t	515.77	687.06	550.72
建筑面积/m^2	132885	132885	132885
单位建筑面积每年综合能耗(按标准煤计)/[$kg/(m^2 \cdot a)$]	3.88	5.17	4.14
万公里综合能耗(按标准煤计)/t	4.61	4.60	4.82
水消耗总量/m^3	68128	61816	57307
单位建筑面积每年水耗/[$m^3/(m^2 \cdot a)$]	0.51	0.47	0.43

由该公交公司审核考察期运营里程数据可知，月运营里程在487万公里左右，空驶里程逐年下降，里程利用率逐年提高，说明了该公司通过智能公交调度管理系统的建设提升了服务质量和业绩。

7.3.2.2 主体设施与设备情况

(1) 主体设施基本情况

该公司共有26栋建筑，分布在18个场站，建筑面积132885m^2。公司有一栋三层办公楼，为行政管理、综合服务、财务、后勤、技术等办公人员及领导提供办公场所。维修中心的维修厂房主要是对有故障的公交车辆进行及时、快速修理的场所，供暖厂房是存放企业冬季供暖的锅炉设备的场所。

（2）主要耗能设备情况

主要耗能设备如表7-23所列。

表7-23 主要能耗设备情况

序号	基础设施	基本情况
1	交通车辆系统	交通工具总数1041辆，全部为单机柴油车，排放标准为国Ⅲ的公交车车长为10.4m和11.7m，排放标准为国Ⅳ及国Ⅳ以上的公交车车长为12m。其中营运交通工具1037辆，占99.7%；辅助用交通工具4辆，占0.3%。国Ⅲ、国Ⅳ及国Ⅳ以上三种标准的比例分别为28.3%、30.8%、40.9%
2	供配电系统	4个自有场站分别安装共计5座变压器，10kV高压电源引进后，变压器降压后，0.4kV电源经配电柜给各用电系统及用电单元配电
3	供暖系统	采用天然气和小部分柴油，主要设备为天然气锅炉和柴油锅炉，柴油锅炉共有17台，单台锅炉额定热功率1.4MW，额定热效率90%。天然气锅炉总共有4台，单台锅炉额定热功率1.4MW，额定热效率89.2%
4	空调系统	现有基础设施全部采用空调制冷，壁挂式空调有92台
5	照明系统	灯具552个，其类型为日光灯、碟形管灯、环形管灯、金卤灯、射灯、投光灯、灯泡、自镇灯泡、探照灯等
6	维修车间用能设备	主要有扒胎机13台，充电机25台，电焊机31台，机床8台，空压机25台，拆装机8台，清洗机10台，砂轮机21台，台钻17台，其他设备15台。其中有3台机床属于《高耗能落后机电设备(产品)淘汰目录(第一批)》列出的淘汰设备

7.3.2.3 消耗品分析

该公司维修车间主要消耗品有机油、润滑油、防冻液和电瓶，如表7-24所列。

表7-24 主要消耗品情况

消耗品名/单位	年份1	年份2	年份3
机油/L	1400825	1908524	2022900
润滑油/L	508745	426176	287071
防冻液/L	679319	741940	984177
电瓶/块	695	372	359

7.3.2.4 水消耗分析

该公司主要用水是办公区生活用水及汽车零件清洗水。企业用水主要为桶装水和自来水，全年用水量为 $5.7\times10^4m^3$，单位面积年均水耗 $0.43m^3/(m^2\cdot a)$。生活用水由自来水公司提供，通过供水管道供给办公楼、食堂、浴室、锅炉房、污水处理站等用水点。办公区部分饮用水采用桶装水。

7.3.2.5 能源消耗情况

该公交公司消耗的主要能源包括柴油、汽油、天然气、电力等。综合能耗指标分析见表 7-25。

表 7-25 综合能耗指标分析

指标	单位	年份 1	年份 2	年份 3
主营业务收入	万元	10295.02	11417.93	11758.25
行驶里程	万公里	5524.53	5597.69	5620.51
综合能耗(按标准煤计)	t	25441.81	25771.85	27088.97
运营车辆综合能耗(按标准煤计)	t	24798.91	24964.38	26415.93
生产辅助车辆综合能耗(按标准煤计)	t	127.12	120.41	122.32
办公区域综合能耗(按标准煤计)	t	515.77	687.06	550.72
办公区域建筑面积	m^2	132885	132885	132885
单位产值能耗(按标准煤计)	t	2.47	2.26	2.30
万公里综合能耗(按标准煤计)	t	4.61	4.60	4.82
办公区域单位建筑面积每年综合能耗(按标准煤计)	$kg/(m^2\cdot a)$	3.88	5.17	4.14

1）柴油 柴油为主要能源消耗，主要用于运营车辆，该公交公司客运与石油公司签订协议，石油公司为该公司场站设立加油点，根据所有公交车辆加油记录，该公交公司客运有限公司与供油单位根据协议和加油结算单结算。

部分柴油用于场站的柴油锅炉供暖。

2）汽油 汽油的消耗在审核期内是辅助用车，如公务车用油，通过购买加油卡的方式进行支付使用。

3）电力 电力消耗主要为办公区用电消耗和维修车间电耗。

4）天然气 天然气消耗主要供 4 个场站的天然气锅炉供暖。

7.3.2.6 主要污染物排放及控制情况

（1）废水

该公司办公地点为办公楼、维修车间和停车场，产生的废水包括生活污水和汽车洗件过程中产生的洗件废水，生活污水经过化粪池处理后，排入城市管网，洗件废水经过指定水槽，由专门的污水处理设备对废水中的石油类污染物用化学沉淀法处理后，最终经污水口排入市政污水管道，未进行废水排放监测。

(2) 废气

该公司废气主要为营运车辆汽车尾气。公司对下属管辖车辆尾气排放要求执行《车用压燃式、气体燃料点燃式发动机与汽车排气污染物排放限值及测量方法（中国Ⅲ、Ⅳ、Ⅴ阶段）》(GB 17691)。司机每年到社会指定场所验车，同时对尾气排放进行监测，检验合格后发放年检合格标识，但无法获得监测数据。

该公交公司自有场站的锅炉全部为外包。

(3) 厂界噪声

该公司的噪声主要来源于公交车进出场站、停放以及维修车间日常作业。

维修中主要噪声源是空气压缩机、台钻、打磨机等设备。噪声的治理主要是对高噪声设备进行减振处理，产生噪声的工序全部在室内进行，车间密闭门窗，注意隔声，安装隔声罩、消声器。该公交公司未进行噪声监测。

(4) 固体废物

该公司固体废物分为危险废物和一般废物两种。企业危险废物包括废机油、含油废物、废电瓶、废荧光灯管等。危险废物放入专门存放地，最后统一由有资质的公司负责处理。企业一般固体废物为车辆保养维修时产生的废金属件和废轮胎，直接进行回收处理。办公废物和生活垃圾运至环保卫生部门进行垃圾填埋处理。

7.3.2.7 清洁生产现状水平评价

(1) 国家及地方政策符合性分析

该公司严格遵循《机动车强制报废标准规定》第五条“各类机动车使用年限要求：公交客运汽车使用年限 13 年”。截至审核期，该公司拥有公交车 1037 辆，其中车龄最大公交车的车龄为 9 年，共 160 辆。

该公司新购入车辆符合该市环保局、质量技术监督局和公安局公安交通管理局颁布的《国家第五阶段机动车污染物排放标准》。

该公司未使用国家环境保护部（现生态环境部）、国家发展改革委、工业与信息化部联合发布的《中国受控消耗臭氧层物质清单》中明令禁止的制冷剂、发泡剂、清洗剂等物质。

（2）清洁生产评价指标体系对比分析

经核算，该公司清洁生产综合评价指数为 85.64，清洁生产等级为二级，为清洁生产先进企业。

7.3.2.8 确定审核重点

根据清洁生产审核方法学，以权重分析法最终确定产生废物量较多、能源消耗较多、对环境影响较大的公交车运营环节作为本次清洁生产的审核重点，把全公司用能、用水、原辅材料消耗、废物的排放等纳入本次审核范围进行审核。

7.3.2.9 设置清洁生产目标

结合该公司近年最高水平，设定清洁生产目标。如表 7-26 所列。

表 7-26 清洁生产目标设置

序号	清洁生产指标	单位	现状	近期目标		中远期目标	
				绝对量	相对量/%	绝对量	相对量/%
1	万公里综合能耗(按标准煤计)	t	4.82	4.80	0.5	4.77	1
2	单燃料车型百公里油耗	L	37.06	36.69	1	36.65	1.1
3	PM 排放量	g/km	0.076	0.075	1	0.0749	1.5
4	NO_x 排放量	g/km	3.03	3.000	1	2.985	1.5
5	场站单位建筑面积每年综合能耗(按标准煤计)	$kg/(m^2 \cdot a)$	4.14	4.12	0.5	4.09	1
6	场站单位面积每年耗水量	$m^3/(m^2 \cdot a)$	0.247	0.246	0.5	0.245	1

7.3.3 审核

7.3.3.1 能量平衡实测和分析

总体来说，影响公交车辆能耗指标变化的因素很多且非常复杂。路况是影响油耗的主要因素，减少怠速运行，对能耗降低及污染物排放有重要意义，另外不同类型线路的平均百公里油耗有较大的差异，并且驾驶员也会影响公交车辆能耗，同一线路上的不同驾驶员营运的油耗也是存在一定差异的。此外，车辆整体情况也会影响公交车辆能耗，车龄、车辆自重及车辆保养情况都会对能耗有所影响。

因此，本轮清洁生产审核抽样测试选取样本时，选取路况类似的公交车以尽可能避免路况对实测结果的影响，同时考虑车龄、车辆自重及车辆保养情况等可变属性，最终选取两种车辆自重相近、车龄不同的柴油车作为样本，分析不同运营年限车辆在相同运营周期内的燃油消耗量、行驶里程，计算百公里油耗。

通过实测分析，两种客车实测平均百公里油耗为39.24升和37.62升。因该公交公司主要在市区工况下运行，鉴于路面交通状况，所以该公司百公里油耗在合理范围内。

耗油多是个比较复杂的问题，车况、路况及个人使用情况是车辆油耗的一个方面，同时车辆本身的系统及部件等是否老化、车辆是否定期维护保养、检修时空挡溜车滑行距离，传动部分是否有摩擦，包括驾驶习惯等都是车辆耗油的参考指标。这些方面都需要企业根据车辆的使用情况定时进行检修和核查。

通过结果可以看到，车龄对车辆的百公里油耗有着重要的影响。目前，该公司已经加大对车辆更新换代的速度，以进一步降低油耗。

7.3.3.2 主要污染因子平衡实测和分析

本轮审核重点为公交车运营车辆，其主要污染物为车辆运行过程中产生的尾气和噪声。目前，车辆不具备车载污染物监测系统设备，无法对车辆实时监测尾气排放和噪声污染情况，因此无法进行主要污染因子平衡实测和分析。

柴油车尾气排放物中，最具毒害作用且最难处理的是氮氧化物（NO_x）。研究表明，车速越高，NO_x 排放越低。由于公交车运行线路交通复杂，车辆经常低速行驶，频繁停车，造成发动机运行负荷低，排气温度低，再加上外界气温低，排气管壁温度低，喷出的尿素不容易蒸发，而在排气管内壁出现结晶。因此 NO_x 排放很容易超标。可以通过排气管外壁保温，提高尿素喷射温度及对相关软件升级等手段，减少排气管热损失，以有效控制发动机低速状态 NO_x 的排放。

7.3.4　方案的产生和筛选

本轮清洁生产审核提出的部分清洁生产方案如表 7-27 所列。

表 7-27　清洁生产方案汇总

方案编号	方案名称	针对的问题	方案简介
一、原辅材料和能源			
F1	使用高品质燃料	汽油燃烧效率较低，大气污染物排放多	公司为各分公司场站安装撬装式加油站，运营车辆统一加油
二、服务流程			
F2	先暖车后起跑	冬季直接起跑	冬天出门前先热车 1～3min，让水温达到 40℃以后再起步。让车子稳定行驶 1～2km 后再加速
F3	柔和起步	起步过猛	挂低挡起步，缓缓地踩下油门踏板，缓慢加速。让汽车达到一定挡位速度时，学会听着发动机的声音来逐步把挡位从低换到高
三、设备维护和更新			
F4	定期检测维修车辆	车辆发动机设备老化，燃油效率降低，增大了燃料的消耗	按车辆行驶里程数，实时监督，对车辆实施维护保养，使其在最佳状态下运行，减少尾气排放
F5	更换节能灯	原有的白炽灯与节能灯相比使用寿命短，能耗高	将机关办公楼原有的 85 个白炽灯更换为相应数量的节能灯
F6	更换办公楼厕所冲水系统	原有冲水系统老旧，常处于最大开启状态，造成冲水流量过高，浪费水资源	将机关办公楼原有冲水系统更换为具备生产许可的节水型感应冲水系统
F7	使用节水龙头	原有普通水龙头出水量远大于节水龙头，同样的清洗时间造成水资源的浪费	将机关办公楼原有的 32 个普通水龙头更换为节水量更高的节水龙头
F8	淘汰大功率电机	设备老旧，耗能高	将原有的 3 台大功率电机进行淘汰
F9	尾气减排改造	发动机在中小负荷下排气温度相对较低、NO_x 容易超标	对现有 743 部国Ⅳ、国Ⅴ排放标准的柴油公交车辆的尾气排放进行系统升级改造，重新标定发动机电脑、发动机后处理系统电脑软件程序和在排气管路上加装保温材料

续表

方案编号	方案名称	针对的问题	方案简介
四、过程优化控制			
F10	智能公交调度管理系统建设	原有智能公交调度系统设备老旧,性能不能满足企业发展需要,也不支持系统应用的进一步扩展	以该公交公司智能调度系统为基础平台,确定管理改进和服务改进计划。从信息化基础设施、信息化管理应用、信息化服务改进三个层面进行建设
五、服务/产品			
F11	加强驾驶员职业技能培训	驾驶中急停急刹现象较为普遍,一是增加了燃料的消耗,二是有可能致使部件磨损和老化	加强驾驶员职业技能培训,加大清洁生产、节约能源的宣传力度,提高司机的驾驶营运技巧
六、废物回收利用和循环使用			
F12	垃圾分类	设置垃圾分类回收,但是执行效果不好	加强人员对垃圾分类的认识,将可回收利用垃圾和不可回收利用垃圾分开
F13	维修再利用	针对维修材料费高的问题	维修中心对尿素泵、空调压缩机、电子执行器等进行维修再利用
七、管理			
F14	空调系统运行时间以及温度调节	办公区空调使用过于频繁	对公司办公区空调运行进行合理安排,在室外温度不高的情况下尽量不开空调,将空调制冷温度设置在合理范围内,加强人员节能意识教育
F15	加强设备的维护与管理	管道设备老化造成能源、资源的跑、冒、滴、漏	对设备进行经常性的检查、维护,减少跑、冒、滴、漏
F16	加强绩效考核	针对个别单位绩效考核体系不完善的问题	不断加强绩效考核力度,制订符合企业发展的绩效考核体系
八、员工			
F17	驾驶员节油培训	新老驾驶员驾驶技术、驾驶习惯不一,油耗有所不同	开展驾驶员节能意识、节能驾驶培训
F18	节能宣传周	节能意识不强	开展企业节能宣传周活动,宣传节能减排意义,提高全体员工的责任意识和环保意识
F19	技能赛	提高维修工修理技能	定期举办维修工技能比赛,对取得名次的维修工予以晋级和物质奖励

7.3.5　中/高费方案可行性分析

7.3.5.1　柴油公交车尾气减排改造项目

（1）方案简介

对该公交公司现有的743部国Ⅳ、国Ⅴ排放标准的柴油公交车辆的尾气排放系统进行升级改造，解决发动机在中小负荷下排气温度相对较低、NO_x 容易超标的问题。主要工作内容为重新标定发动机电脑、发动机后处理系统电脑软件程序和在排气管路上加装保温材料。

（2）技术可行性分析

该尾气减排改造项目对车辆的改动不大，硬件改造主要是对发动机的排气管路加装保温材料，部分车辆需切割、焊接排气管；软件改造只是更新DCU数据和ECU数据。改造后基本不影响发动机功率及油耗，尿素消耗量会有所增加，从而增加了对 NO_x 的排放处理效果。

改造技术方案分别由车辆所使用的康明斯和玉柴两个发动机厂家提出，康明斯发动机通过重新标定软件程序和在排气管路上加装保温材料实现改造；玉柴发动机由于使用博世（BOSCH）后处理系统，除刷新软件数据和在排气管路上加装保温材料外，还要对排气管路及后处理器进行硬件改造。原则上，属同样机型配置的改造方案经过公交集团样车试验成功的可直接实施改造，属该公交公司独有机型配置的改造方案需进行样车试验成功后再安排实施改造。

（3）环境可行性分析

柴油车尾气排放物中，最具毒害作用且最难处理的是 NO_x。按照市环保局的统一工作安排，需要对在用国Ⅳ、国Ⅴ标准的公交车辆进行升级改造，以满足新标准的要求。

升级改造后的尾气后处理系统可有效降低 NO_x 的排放。研究表明，车速越高，NO_x 排放量越低。由于公交车运行线路交通复杂，车辆经常低速行驶，频繁停车，造成发动机运行负荷低，排气温度低，再加上外界气温低，排气管壁温度低，喷出的尿素不容易蒸发，在排气管内壁出现结晶。因此 NO_x 排放量很容易超标。通过排气管外壁保温、提高尿素喷射温度及对相关软件升级后，减少排气管热损失，尿素消耗量会明显增加，可有效保障

发动机低速状态 NO_x 排放量的控制。

经核算，本方案实施后，每年可减少 NO_x 排放量 93766 千克。该方案环境上可行。

（4）经济可行性分析

该公司 743 辆车尾气减排改造项目中，康明斯发动机车辆改造费用每台车约 1000 元，玉柴发动机车辆改造费用每台车约 2000 元，该公司投资费用总计约 80 万元。由于该项目是负责汽车尾气减排治理，不具备节能效果，因此不产生经济效益。

7.3.5.2 智能公交调度管理系统建设方案

（1）方案简介

以国务院《关于城市优先发展公共交通的指导意见》为指导，以建设绿色公交，降低环境污染、缓解交通拥堵，提高出行保障，增加公交吸引力，实现安全、方便、快捷、准时为工作目标，不断提高运输能力、提升服务水平、增强公共交通竞争力和吸引力。通过采用公交车辆定位系统、客流量检测等信息采集设备，智能公交调度系统能够根据客流量需求进行公交车辆调度指挥，使得公交系统的运力、运能得到了很大程度的提高。后续以该公交公司智能调度系统为基础平台，从信息化基础设施、信息化管理应用、信息化服务改进三个层面进行建设。以信息化建设为手段，科学分配和充分利用车辆、人力等生产资源，提高公司的综合运输能力，为市民出行提供更优质的保障。

（2）技术可行性分析

1）基础设施建设　传输网络子系统建设、数据中心信息设备改造、数据备份中心建设、监控管理中心改造、车载终端设备更新改造、场站管理终端更新改造、IC 卡收费系统更新改造。

2）管理信息化建设　用 4～5 年的时间，分步骤逐步实现调度管理信息化、企业综合管理信息化，为服务社会、服务乘客、服务企业提供全面支持。

3）乘客信息服务系统建设　电子站牌服务、场站服务、手机信息服务、通用 PC、手机 Web 终端信息发布。

（3）环境可行性分析

城市公交智能化建设有助于提高公交行业管理水平和整体服务质量，增强公共交通出行吸引力，提高公共交通分担率。充分利用道路资源，逐步缓解城市交通拥堵现象，降低市民出行成本，逐步构建合理、可持续的城市交通结构。通过提高公交分担率，提高城市道路资源的利用率，使路网延误、拥堵率最小化，预计将减缓城市交通拥堵率5%。减少驾驶私家车的次数，有助于交通环境的改善，选择公交出行，燃油的消耗减少，带来的是污染物排放量的大幅减少，随着系统的不断完善，对环境的改善效果将愈加明显，城市的空气质量会大大提高，从空气污染的源头出发缓解城市空气污染问题，其成本远低于高昂的空气污染治理成本。

（4）经济可行性分析

通过本项目建设，实现为公众提供准确的公交车到站时间及到站距离预报、公交客流信息服务、动态出行规划等多种面向乘客的出行信息服务，丰富了公众获取公共交通出行服务的内容及方式，有利于提高公交服务满意度，增强公交出行的吸引力；构建公交服务质量评价体系，政府可对公交的快捷性、可靠性、舒适性等指标进行评价和考核，监督促进公交服务水平的提升。按照先进公交系统效益评价体系并结合国内已实施公交智能化系统的公交企业的情况进行估算，预计直接经济效益如下。

① 将提高公交资源（人员、车辆、物资等）利用率10%～15%；提高公交车辆周转率15%～25%；

② 提高调度运营管理的效率、降低工作量15%～25%；降低行车安全事故发生率10%～25%。

7.3.6 实施效果分析

清洁生产方案全部实施效果如表7-28所列。

表7-28 清洁生产方案全部实施效果汇总

方案类别	环境效益	经济效益
已实施无/低费方案	年可节电0.69万kW·h，折标准煤2.28t；节水2784m^3，同时可节约燃油、减少垃圾排放（不可量化）	节约费用118.95万元/a（部分水电费不可量化）。提高公司企业形象，提高社会服务质量
拟实施中/高费方案	减少NO_x排放量93766kg；减缓城市交通拥堵率5%	提高公交资源（人员、车辆、物资等）利用率10%～15%；可以减少计划调度50%以上的编制，节省劳动力

续表

方案类别	环境效益	经济效益
合计	年可节电 0.69 万 kW·h，折标准煤 2.28t；节水 2784m³；减少 NO_x 排放 93766kg，同时可节约燃油、减少垃圾排放（不可量化）、减缓城市交通拥堵率 5%	节约费用 118.95 万元/a（部分水电费不可量化）。提高公司企业形象，提高社会服务质量，同时提高公交资源（人员、车辆、物资等）利用率 10%～15%；可以减少计划调度 50%以上的编制，节省劳动力

7.3.7 持续清洁生产

公司通过开展清洁生产审核，深刻地认识到污染预防和过程控制的重要性，特别是无/低费方案的实施，使企业获得了较为明显的经济效益和环境效益。正是基于此，企业希望将清洁生产审核纳入企业的日常管理、生产及研发中去，使其组织化、制度化、持续化。持续清洁生产的工作重点是建立、推行和管理清洁生产工作的组织机构、建立促进实施清洁生产的管理制度、制订持续清洁生产计划。

7.4 道路货物运输业清洁生产审核案例

7.4.1 单位概况

某速运公司是一家主要经营国内、国际快递及相关业务的服务性企业。其速递服务网络已经覆盖国内 20 多个省及直辖市，101 个地级市。随着业务的增长，员工队伍不断壮大，目前有员工 12000 人，并引进了工程设计、电子商务等多个种类的专业人员。公司正努力拓展 O2O 模式，设立社区店、办公楼店、形象店、投递柜，将线上和线下营销相结合。主要包括五大功能，即快递服务、陈列展示、虚拟营销、售前体验、其他服务。

7.4.2 预审核

7.4.2.1 主体设施与设备情况

（1）主体设施情况

预审核阶段，对该公司的主体设施进行了分析，基本情况如表 7-29 所列。

表 7-29 建筑基本情况

序号	项目	分拨车间(中转场)	办公楼	生活楼	附属综合用房
1	建造时间/年	2005	2005	2005	2005
2	建筑功能	分拣快件	办公	住宿、餐饮	机修、配电室、锅炉房
3	建筑面积/m^2	6117.36	4561.11	2857.34	679.14
4	建筑朝向	南北	南北	南北	南北
5	建筑层数/层	1	4	4	1
6	建筑高度/m	11.0	11.2	11.2	3.1
7	采暖面积/m^2	6117.36	4561.11	2857.34	475.00
8	采暖热源	CRV燃气辐射	燃气锅炉	燃气锅炉	燃气锅炉
9	采暖末端	辐射管	暖气片	暖气片	暖气片
10	空调面积/m^2	0	4561.11	2857.34	168.00
11	空调冷源	无	多联机	分体空调	分体空调
12	空调末端	无	暗藏式风管	分体空调	分体空调

（2）主要用能设备

预审核阶段，对该公司车辆系统、快件分拣系统、车辆维修系统、信息系统、供配电系统、供暖系统、空调和通风系统、照明系统等进行了分析，主要用能设备基本情况如表7-30所列。

表 7-30 主要用能设备基本情况

序号	系统名称	用能设备情况
1	车辆系统	运输车辆共有866辆，其中柴油车669辆，占比77.25%，汽油车197辆，占比22.75%；收派件电动车3991辆；行政办公用车共18辆。经核查，企业有99辆柴油车于2006年投入营运，距今已十多年，且其百公里油耗较高，建议提前淘汰更新
2	快件分拣系统	传送设备，该公司目前是半自动化输送、分拣快件，快件都是通过皮带机进行传送。目前企业共有311台皮带机及167台动力伸缩式滚筒传输机。 叉车，该公司中转场主要使用叉车进行快件的搬运，耗能叉车共13台，包括柴油叉车9辆；67辆叉车为手动液压叉车，不耗能。 打包机，对易碎或易损坏的货物进行打包处理，企业共有打包机194台，打包机功率为0.22kW
3	车辆维修系统	运营车辆由车管组维修车间进行车辆保养及车辆小修，主要为更换机油、机油滤、柴油滤、润滑转向节等，主要耗能设备为2台四柱举升机、1台扒胎机、1台动力平衡机及5台高压洗车机

续表

序号	系统名称	用能设备情况
4	信息系统	速运呼叫中心是借助计算机、网络、现代通信、多媒体等丰富的信息技术手段建设的信息系统，主要受理客户的接单请求、查单服务、客户信息管理。呼叫中心工作平台主要由终端设备、一体化集成接入平台、多媒体平台及业务系统组成
5	供配电系统	用电全部由市政电网供电，其中只有总部有变配电设备，电量计量采用高压计量方式，在110kV高压变电站内设有计量柜。功率因数补偿采用低压集中和就地结合补偿方式，及时投切各配电室的电容器。其他为租赁办公地点，变配电设备为公共设施，无管理权限
6	供暖系统	总部采用2台燃气热水锅炉供暖，输出功率为490kW，额定热效率为94%，主要辅助设备为补水泵、循环泵。经核查，3台循环泵、2台补水泵均为高耗能淘汰设备，建议淘汰更新。 二中转场采用CRV燃气辐射采暖，是利用天然气在特殊的燃烧装置——辐射管内燃烧而辐射出各种波长的红外线进行供暖的燃气红外辐射采暖，系统采用分区控制，由温控装置自动控制，小于5℃自动启动，大于18℃停止运行。 其余中转场分拣厂区为市政供暖，少数点部使用空调、电暖器供暖。各点部共有电暖器272个。仓储中心及库房不供暖
7	空调和通风系统	总部办公楼采用中央空调，其余全部采用壁挂分体式空调、柜式空调或电扇进行夏季制冷。 中转场生产区采用电扇降温，企业共有411台电扇。 空调能效等级均在3级以上，空调使用合理
8	照明系统	照明系统分为室外照明、公共区域照明、室内照明
9	洗浴热水系统	洗浴热水主要供宿舍洗浴用，宿舍每个房间均有独立浴室。除了总部宿舍采用桑普全玻璃真空管太阳能热水系统外，其余宿舍为独立电热水器
10	办公系统	办公设备主要包括电脑、打印机、复印机、扫描仪、传真机、工业电视等

7.4.2.2 能源消耗情况

(1) 能源消耗总量

该公司近年能源消耗主要有电力、柴油、汽油、天然气、外购热力。具体情况如图7-7、图7-8所示。

(2) 能源消耗结构分析

该公司能源消耗系统分为基础设施用能系统、快递服务车辆系统及特殊区域系统。其中，基础设施用能系统主要是指照明系统、空调系统、供暖系统、给排水系统、电梯系统、办公系统等，主要消耗电力、天然气、外购热力、汽油和柴油；快递服务车辆系统主要是指用于运营的电动车、柴油车和汽油车等，主要消耗电力、柴油和汽油；特殊区域系统是指快件装卸、传

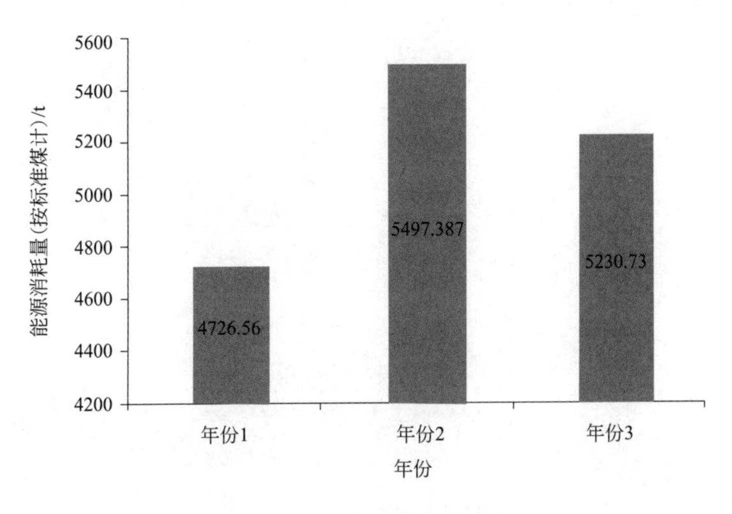

图 7-7　近 3 年能耗变化趋势

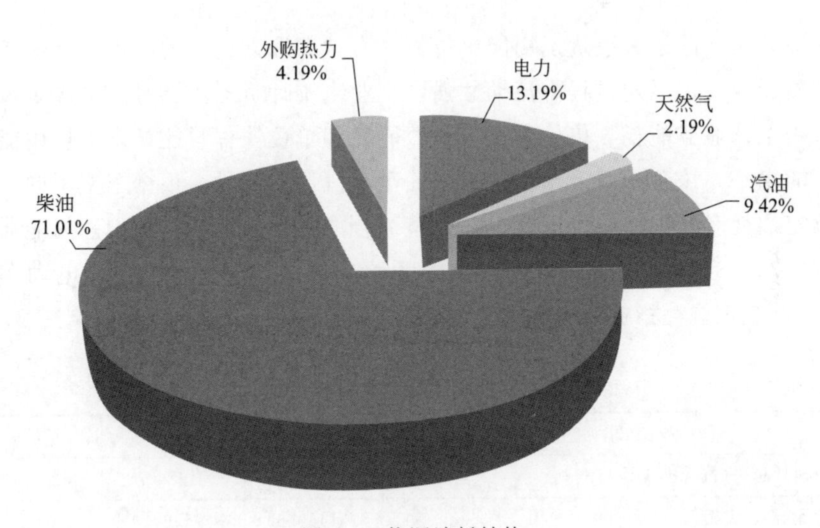

图 7-8　能源消耗结构

输、分拣系统，车辆维修间及呼叫中心，主要消耗电力。能源消耗分布如图 7-9 所示。

由图 7-9 可知，该公司能源消耗重点是快递服务运营车辆，快递服务车辆系统能耗占该公司能源消耗总量的 81.76%；其次是基础设施用能系统，占比 14.04%；而特殊区域系统能耗占比最小，为 4.20%。因此，该公司清洁生产工作的重点即为快递服务车辆系统。

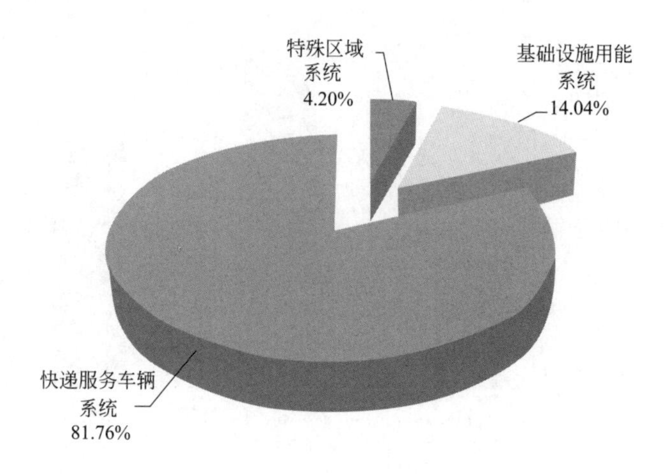

图 7-9　能源消耗分布

（3）能耗指标分析

该公司不同于一般货运用能单位，具有“即取即送”的特点，运送货物大多质量较轻，运送过程中流动性强，企业未统计货运周转量。本次审核建议采用主营业务能耗、单位运行里程数能耗和单位快件量能耗来衡量用能单位用能水平。该公司营运车辆包括柴油车和汽油车两种，根据车型不同，车辆额定油耗有较大差距，因此以百公里综合能耗作为考核车辆用油的能耗指标（电动车为派送车辆，未统计派送里程，因此考核指标不包含电动车能耗）。近 3 年能耗指标情况如表 7-31 所列。

表 7-31　近 3 年能耗指标情况

项目	年份 1	年份 2	年份 3
能源消耗总量(按标准煤计)/t	4726.56	5497.87	5230.73
主营业务收入/万元	131460.6	175990.3	210105.1
单位主营业务收入能耗(按标准煤计)/t	0.036	0.031	0.025
快件量/万件	4064.71	5383.48	7715.08
单位快件量综合能耗(按标准煤计)/t	1.16	1.02	0.68
交通运输能源消耗总量(按标准煤计)/t	3408.11	4076.40	3839.88
营运里程/km	21300687	29117143	30630232
百公里综合能耗(按标准煤计)/t	0.016	0.014	0.013

该公司近 3 年单位主营业务收入能耗逐年下降，企业单位营业收入能耗

下降迅速，主要与企业产值增加较快有关。

随着市场竞争日趋激烈，该公司快件业务量增加迅速，但是由于企业营运性质，营运车辆从中转场和点部的运送是按地区按时发出，不考虑车辆空驶率。随着快递业务量的增加，车辆空驶率减少，每次发车的快件量增加，因此导致单位快件量能耗减少，单位营业收入能耗也大幅减少。

该公司实施车辆系统管理办法，加强节能管理后，对车辆用油进行统一管理，实行车辆用油考核制度，每月对单燃料车的油耗情况进行分析。杜绝个人占用车辆，对不按规定使用车辆造成车辆油耗指标上升的驾驶员进行处罚，同时为规范驾驶员驾驶路线，每辆车均安装 GPS 定位装置，从而避免不必要的绕路造成的燃油浪费。加强车辆燃油使用管理后，近 3 年营运车辆百公里综合能耗指标基本呈下降趋势。

7.4.2.3　主要污染物排放及控制情况

（1）大气污染物

该公司主要污染物为车辆尾气，汽车尾气的主要成分是 CO、HC、NO_x 和 PM 等，目前拥有的车辆全部为交通局指定采购车辆，根据其投产年限的不同，分别执行《机动车污染物排放限值及测量方法》第三阶段、第四阶段和第五阶段（以下简称国Ⅲ、国Ⅳ和国Ⅴ）。

（2）生活污水

办公楼主要污染物是生活污水，直接排入市政污水管网。生活污水排放满足《污水排入城镇下水道水质标准》（GB/T 31962）的要求。

（3）生活垃圾/固体废物

该公司主营业务是快递服务，在运营过程中还会产生废旧包装纸箱、快递信封、塑料快递包裹单等，主要是与生活垃圾一起进行处理，并与垃圾清运公司签订清理运输协议。另外，为实现清洁生产，该公司还计划将这些废旧包装纸箱进行回收再利用。

车辆维修车间产生的废机油、废油滤及其他小部件有专门的安置场所，且与有资质的公司签订相关处置协议，进行定期清运。

（4）噪声

该公司噪声污染主要来自运营车辆，车辆在启动和运行过程中均会产生噪声，而办公机构属于运营管理机构，且内部无鸣笛现象发生，不会产生噪声污染。

7.4.2.4 清洁生产水平现状分析

(1) 与同行业对比

本次审核过程还将该公司和同行业其他三家公司的单位产值能耗做了对比，结果如表7-32所列。

表7-32 该公司单位产值能耗与同行业指标（按标准煤计）对比

单位：吨/万元

项目	年份1	年份2	年份3
该公司单位产值能耗	0.036	0.031	0.025
同行业公司A单位产值能耗	0.056	0.055	0.060
同行业公司B单位产值能耗	0.119	0.079	0.076
同行业公司C单位产值能耗	0.0346	0.0351	0.0426

通过表7-32对比可知，该公司的单位产值能耗低于其余几家同行业企业单位产值能耗，这主要是由于该公司注重快递品质及快递到达速度，因此快递单价在同行业偏高，因此产值较高，同时，近年来该公司坚持产业及服务产品的多元化发展，在产业链延伸方面，积极发展高端食品电商、O2O体验店等关联产业，针对某些特殊行业还推出了定制化服务，进一步提高了产值。

(2) 与清洁生产审核指标体系对比

该公司各项清洁生产指标与《清洁生产评价指标体系 交通运输业》对比，得分为86.5分，清洁生产等级为二级，达到清洁生产的先进水平。

7.4.2.5 确定审核重点

在备选审核重点中确定审核重点，原则如下：a. 资源能源消耗量大的环节；b. 废物产生多的环节；c. 清洁生产潜力大、机会多，容易产生显著环境效益与经济效益的环节。

由上述能源、水资源消耗情况及污染物产生情况可知，该公司能源消耗的重点是快递服务车辆，主要污染物为车辆尾气，也来自于快递车辆，因此将快递车辆作为本轮审核重点。

7.4.2.6　设置清洁生产目标

本轮清洁生产审核目标设置如表7-33所列。

表7-33　本轮清洁生产审核目标设置

序号	清洁生产指标	现状	近期目标		远期目标	
			绝对量	相对量/%	绝对量	相对量/%
1	单位主营业务收入能耗(按标准煤计)/t	0.025	0.024	4	0.022	12
2	单位快件量综合能耗(按标准煤计)/t	0.68	0.66	3	0.65	4
3	百公里综合能耗(按标准煤计)/t	0.013	0.012	7.7	0.011	15.4
4	单位建筑面积水耗/(m^3/m^2)	0.623	0.62	0.5	0.6	3.7

7.4.3　审核

通过平衡实测分析可知：

① 该公司能源消耗重点是快递服务车辆，主要消耗电力、汽油和柴油；

② 电力消耗重点是车辆消耗；

③ 车辆油耗大的原因众多，如车辆老化、空驶率高等。

7.4.4　方案的产生和筛选

本轮清洁生产审核提出的部分清洁生产方案如表7-34所列。

表7-34　本轮清洁生产审核部分清洁生产方案

编号	方案类型	方案名称	方案简介
F1	设备维护与更新	陶瓷合金修复产品的应用	选取200辆车加注陶瓷合金修复产品以解决营运车辆因机械磨损造成的使用效率低、能耗大、尾气排放超标、维修费用增加等问题，提升营运车辆机械的整体性能，使运输车辆达到“高运用率、低维修率”的目的

续表

编号	方案类型	方案名称	方案简介
F2	设备维护与更新	LED灯具改造	将一中转场34盏400W厂区房外围射灯更换为34盏180W LED泛光灯，6盏250W厂房外围射灯更换为6盏120W LED泛光灯，22盏库内36W日光灯更换为22盏18W LED荧光灯，输单大楼18盏36W日光灯更换为18盏18W LED格栅灯盘带3支灯管，198盏400W库房高钠灯更换为198盏120W LED工况灯。 将三中转场厂房内20盏250W金卤灯更换为62盏120W LED泛光灯，222盏40W双管荧光灯更换为222盏28W LED双管日光灯，将库房内237盏265W节能灯更换为237盏120W LED工况灯
F3		柴油车淘汰更新	该公司有99辆柴油车车龄较长且油耗较高，计划淘汰99辆
F4		更换新能源车	计划年采购两辆电动车，使用替代能源降低柴油消耗
F5		淘汰高耗能机电设备	将供暖系统循环泵和补水泵更换为节能型设备，减少电力浪费和损失
F6	废物回收利用和循环使用	垃圾分类	加强人员对垃圾分类的认识，将可回收利用垃圾和不可回收利用垃圾分开
F7		办公用品循环使用	对于纸张进行双面打印和复印，加大绿色办公力度
F8	培训与管理	完善计量统计管理制度	设计规范的统计记录表格和建立日常抄表制度
F9		建立清洁生产奖励制度	为更好地开展清洁生产工作，提高员工的积极性，建立清洁生产奖励制度

7.4.5 中/高费方案可行性分析

7.4.5.1 陶瓷合金修复产品应用

（1）方案简介

选取200辆车加注陶瓷合金修复产品以解决营运车辆因机械磨损造成的使用效率低，能耗大、尾气排放超标、维修费用增加等问题，提升营运车辆机械的整体性能，使运输车辆达到“高运用率、低维修率”的目的。

（2）技术可行性分析

陶瓷合金修复产品通过高能机械合金化陶瓷合金耦合方式，利用机具极压摩擦高压导致的局部高温驱动化学热裂解反应，将陶瓷合金键结于机具摩擦表面。生成的陶瓷合金材料显示出超硬、超润滑、超耐磨、超耐高温、高抗腐蚀的超凡性能，形成了陶瓷合金层和油膜的双重润滑和双重保护，使运营车辆在正常工作条件下，对发动机的磨损（腐蚀、锈蚀、点蚀、擦伤、接触疲劳）进行有效修复。解决因磨损带来的工作效率下降的各种问题。如按产品操作规范定期应用，可实现发动机使用寿命超过设计寿命，长久维持新机状态。

（3）环境可行性分析

通过公司相关产品前期测试，未加注前的车辆的平均百公里油耗为 11.80 升，加注后的车辆平均百公里油耗为 10.68 升，下降幅度为 9.49%，按 866 辆车年行驶里程为 30630232 公里，200 辆车估计年行驶里程约为 7073957 公里计算，则年可节油 79228 升，折合柴油 68.14 吨，折合标准煤 99.28 吨。

（4）经济可行性分析

本方案实施总投资费用约为 10 万元，方案实施后可节约柴油 68.14 吨/年，按柴油价格 9209.67 元/吨，则年节省费用约为 62.75 万元。通过经济核算可知，本项目投资偿还期为 0.2 年，小于 5 年；净现值为 332.82 万元，大于 0；内部收益率 46.38%，大于银行贷款利率。因此本方案可行。

7.4.5.2　LED 灯具改造

（1）方案简介

将一中转场 34 盏 400W 厂区房外围射灯更换为 34 盏 180W LED 泛光灯，6 盏 250W 厂房外围射灯更换为 6 盏 120W LED 泛光灯，22 盏库内 36W 日光灯更换为 22 盏 18W LED 荧光灯，输单大楼 18 盏 36W 日光灯更换为 18 盏 18W LED 格栅灯盘带 3 支灯管，198 盏 400W 库房高钠灯更换为 198 盏 120W LED 工况灯。

将三中转场厂房内 20 盏 250W 金卤灯更换为 62 盏 120W LED 泛光灯，222 盏 40W 双管荧光灯更换为 222 盏 28W LED 双管日光灯，将库房内 237 盏 265W 节能灯更换为 237 盏 120W LED 工况灯。

（2）技术可行性分析

传统的路灯常采用高压钠灯，光损失大的缺点造成了能源的巨大浪费。LED 路灯与常规路灯不同，其光源采用低压直流供电，由 GaN 基功率型蓝光 LED 与黄色荧光粉合成的高效白光二极管，具有高效、安全、节能、环保、寿命长、响应速度快、显色指数高等独特优点，而且 LED 灯具照明亮度分布均匀，光线柔和，对周围不造成光污染，减少驾驶员眼睛疲劳，减少安全隐患，可广泛应用于道路、园区照明。基于以上优点，LED 照明灯具发展迅速，技术日趋成熟。很多城市道路、高速路照明已开始使用 LED 灯具，因此技术上是可行的。

（3）环境可行性分析

改造前灯具总功率 172.43 千瓦，改造后灯具总功率 73.42 千瓦，按每天 10 小时计算，每年可节电 361387 千瓦·时，折合标准煤 44.41 吨。

（4）经济可行性分析

本方案实施总投资费用约为 69.19 万元，方案实施后可节电 361387 千瓦·时/年，年节省费用为 37.23 万元，通过经济核算可知，本项目投资偿还期为 1.73 年，小于 5 年；净现值为 213.42 万元，大于 0；内部收益率 35.31%，大于银行贷款利率，因此本方案可行。

7.4.5.3 柴油车淘汰更新项目

（1）方案简介

该公司有 99 辆柴油车车龄较长且油耗较高，计划淘汰旧车 99 辆，以达到节约燃油成本、支持和响应节能减排政策的目标，符合用能单位的发展规划。

（2）技术可行性分析

该公司已完成替换 35 辆高能耗车，车辆更新项目实施后实现节能（按标准煤计）70.45 吨，说明这类项目节能效果良好，在技术上是可行的。

（3）环境可行性分析

根据相关试验测试经验，同样车型情况下，新购入的车辆可比以前购入的车辆百公里耗油量降低 3 升。则 99 辆车更新完成后，预计可节约柴油 136.94 吨，折合标准煤 199.54 吨。

（4）经济可行性分析

该项目的计划投资额为 1342 万元，共淘汰 99 辆旧车。预计可节约燃油成本 171.69 万元。运营车辆是该公司主要固定资产，本项目的投资额符合用能单位的长远规划。

7.4.5.4　更换新能源车项目

（1）方案简介

计划年采购2辆电动车，使用替代能源降低柴油消耗。

（2）技术可行性分析

2辆电动车已经进入公交车和出租车领域，证明其技术可行性，同时随着全国大力推广电动车的使用，各类优惠政策也相应出台，电动车替代传统货运车辆是必然趋势，技术可行。

（3）经济可行性分析

该项目的计划投资额为40万元，采购2辆。柴油车能源成本为8.58万元，电车能源成本为2.8万元，该方案可节省费用5.78万元。本项目的投资额符合用能单位的长远规划。

（4）节能潜力分析

电动车百公里电耗为21.5千瓦·时，百公里节油10.5升，根据单燃料车年均运营里程53000公里计算，原车耗油11130升，共9.68吨，折合标准煤14.11吨；电车耗电量为22790千瓦·时，折合标准煤2.8吨，该方案节约标准煤11.31吨。

7.4.6　实施效果分析

经过清洁生产方案筛选，共确定实施方案12项，其中无/低费方案8项，中/高费方案4项。方案实施后，公司在经济效益和环境效益方面均取得了很好的效果，完成了审核初期确定的清洁生产目标。

7.4.7　持续清洁生产

公司通过开展清洁生产审核，制订了持续清洁生产计划，主要包括：a. 进一步宣传清洁生产的重要性，制订具体的活动计划；b. 持续解决清洁生产潜力；c. 继续征集合理化建议；d. 以服务过程为主的节能、降耗、减污、增效为后续的清洁生产审核重点；e. 定期开展清洁生产专题知识讲座，宣传清洁生产理念，培训企业内审员；f. 后续清洁生产目标仍按本轮清洁生产审核确定的目标执行。

第8章 交通运输行业清洁生产组织模式和促进机制

8.1 清洁生产组织模式

8.1.1 健全政策标准体系

加强对交通运输行业清洁生产推行工作的综合引导。结合《清洁生产评价指标体系 交通运输业》(DB11/T 1263)的应用，发布面向交通运输领域的清洁生产技术、工艺、设备和产品推荐目录。健全交通运输企事业单位的能源、水资源消费和污染排放计量、统计、监测、评价相关标准及管理规范，健全交通运输行业清洁生产推行的相关政策和标准。

开展清洁生产评价指标体系等相关标准的实施效果评估，评价交通运输行业推行清洁生产工作取得的效果和存在的问题，根据国家和地方的节能环保工作要求和交通运输行业发展状况适时修订标准。

充分发挥行业协会、科研机构的作用，针对政府管理部门、企事业单位等不同对象，开展清洁生产相关法律法规、政策标准的宣贯和培训工作。

8.1.1.1 公共汽电车客运业

依据《公共汽电车能源消耗评价方法》(DB11/T 1036)，在满足现行国家标准和行业技术要求的基础上，提出公共汽电车能耗统计分类及指标、评价方法及评价指标，规范公共汽电车能耗的统计内容和评价指标体系，为今后评价公共汽电车能耗状况提供技术支撑。

8.1.1.2　城市轨道交通业

依据《城市轨道交通能源消耗评价方法》(DB11/T 1035) 的相关内容，有效指导轨道交通行业既有线路计量体系改造及新线建设计量设备加装，规范轨道用能统计、评价和考核，有效支撑“轨道企业能源审计”“交通运输节能减排统计报表制度编制”及“考核目标分解”等工作。

8.1.1.3　出租车客运业

参照《出租汽车合理用能指南》(DB11/T 1270)，进一步规范出租汽车企业节能管理、企业能耗统计、能耗计量设备、车辆选型及节能产品技术、车辆性能检查与维护和驾驶员节能驾驶等内容，指导出租汽车企业、出租汽车及驾驶员的用能行为。

8.1.1.4　道路货物运输业

按照《北京市促进绿色货运发展的实施方案（2016—2020 年）》的要求，充分借鉴英国 FORS 和美国 Smartway 等先进经验，通过综合评分认定绿色货运企业，给予通行权和以污染物核算为依据的资金奖励。参照《营运货车合理用能指南》(DB11/T 1037)，进一步规范和推广营运货车选型、使用、运行材料选用、驾驶操作要求、能耗统计以及经营性道路货物运输业主的节能管理要求。

8.1.2　完善审核方法体系

研究完善交通运输行业清洁生产评估管理方法学。完善交通运输行业清洁生产审核单位名单制度，考虑以综合能耗、资源消耗量、污染物排放量等为依据，筛选需要开展清洁生产审核的交通运输行业单位，确保将清洁生产审核补助经费落到实处，见到实效。利用强制性清洁生产审核名单制度，综合考虑资源能源消耗、环境污染、产业结构调整等因素，定期公布交通运输行业强制性清洁生产审核单位名单。

研究完善交通运输行业清洁生产审核基础方法学。以现有清洁生产审核的方法学为基础，研究完善针对交通运输行业识别清洁生产审核重点的综合性、系统性方法学。针对交通运输行业的能流、物质流、水流和污染排放系统，研究能量平衡、物料平衡以及关键因子平衡分析等清洁生产专项审核方法。

编制发布针对交通运输行业的清洁生产实施指南，制订清洁生产方案产生方法和绩效评价方法标准；制订清洁生产审核验收绩效评价标准；建立清洁生产审核绩效跟踪与后评估机制，研究建立审核绩效评估方法。探索将清洁生产审核实施效果与地方节能减排目标挂钩。

8.1.3 构筑组织实施体系

8.1.3.1 健全政府机制引导

落实《清洁生产促进法》相关要求，建立完善由市级清洁生产综合协调部门牵头，交通运输行业主管部门参与的组织推进体系，健全交通运输行业清洁生产协调联动的工作机制，形成多部门统筹协调、齐抓共管的交通运输行业清洁生产促进合力。

8.1.3.2 完善清洁生产制度

引导企事业单位强化环境责任，选取交通运输行业的典型单位，试点建立内部清洁生产组织机构，建立清洁生产责任制度。将清洁生产目标纳入单位发展规划，组织开展清洁生产。引导企事业单位在运输服务经营过程中，加强对乘客、顾客等行为主体共同参与清洁生产的调动，做到从采购、物流、服务、第三方管理等全过程的污染综合防控。支持总部型企业制订统一的清洁生产管理制度，自上而下统筹推进清洁生产。支持交通运输行业内的龙头企业把清洁生产理念延伸到供应链的相关企业，共同实施清洁生产，打造绿色产业链。

8.1.3.3 加强组织与推进实施

发挥交通运输行业协会、社会团体的作用，鼓励交通运输行业成立行业清洁生产中心或技术联盟，指导行业推行清洁生产，加强清洁生产技术装备研发和应用推广，提高行业内部自主清洁生产审核和实施能力。

8.1.4　搭建市场服务体系

8.1.4.1　建立信息服务系统

建设覆盖交通运输行业的清洁生产工作信息服务系统，向交通运输行业内的企事业单位和研究单位提供有关清洁生产方法和技术、可再生利用的废物供求以及清洁生产政策等方面的信息和服务。一是信息资讯与交流平台网络，宣传和推广清洁生产企业和成熟的清洁生产技术，连接企业和技术市场；二是建立政府清洁生产项目在线申报网络，实施清洁生产审核及项目网上申报；三是建立清洁生产技术服务单位与专家数据库、清洁生产项目库、清洁生产审核单位数据库，实现清洁生产工作的信息化和系统化。

8.1.4.2　构建技术支撑体系

鼓励交通运输行业龙头企业积极与高校、科研院所等合作，开展新能源车辆、再生能量吸收利用、轨道列车牵引动力节能等关键清洁生产技术的研发、应用和推广，共建清洁生产技术推广服务平台或行业清洁生产促进联盟。以支持设计院、节能环保企业等机构，为交通运输企业提供节能环保系统及解决方案，开展管理创新研究。

8.1.4.3　培育咨询服务市场

① 鼓励发展清洁生产审核及相关的能源审计、合同能源管理、节能监测、碳核查等节能环保中介服务业，支持中介机构提升清洁生产业务能力。

② 实行咨询服务机构资质分类管理。参照环境影响评价资质管理，实行清洁生产咨询资质分类管理。咨询服务机构除了具备规定的专业技术人员数量和培训资质外，还要根据其所具备的行业技术人员情况，确认其所能够从事咨询服务的特定行业类型。

③ 加强对清洁生产审核等中介服务机构的培训扶持、监督管理，完善市场准入和退出机制，不断规范服务市场。

④ 鼓励北京服务业清洁生产审核等中介服务机构面向京津冀地区乃至全国进行拓展，形成服务北京、辐射全国的服务业清洁生产市场服务体系。

8.1.5 夯实基础支撑体系

（1）科学细化能耗、水耗计量系统

在交通运输行业试点开展智能化能源计量器具配备工作，推动重点企业逐步规范能源、水计量器具配置。鼓励重点交通运输单位安装具有在线采集、远传、智能功能的能源、水计量器具，逐步推动企业建立能源计量管理系统，实现计量数据在线采集、实时监测。加强计量工作审查评价。

（2）健全交通运输行业能耗、水耗统计，试点开展物耗统计

结合交通运输行业的能耗、水耗特点，建立覆盖大型交通运输单位的能源和水消费主要监测指标。联合统计部门，开展交通节能减排统计指标体系、基于车辆的核算方法及相关体制机制研究，支持以企业为主体在部分行业试点开展物耗统计和物质流平衡分析。

（3）加强污染物排放监测

对重点交通运输单位定期开展污染物排放监督性监测，适当提高监测频次。集团单位应加强对下属单位的环境监管。鼓励企业开展自行监测。

8.1.6 创建示范引导体系

创建一批交通运输行业清洁生产示范项目。支持交通运输行业单位高标准实施一批从初始设计、建设、改造到消费全过程，以技术、管理和行为为一体的综合改造示范项目，为同行业深入开展清洁生产改造树立标杆。发布交通运输行业清洁生产典型项目案例，开展交通运输行业清洁生产交流和成果展示，推广成熟的清洁生产技术和解决方案。

创建一批交通运输行业清洁生产示范单位。率先在大型交通运输企业推行清洁生产。针对交通运输企业，围绕建立清洁生产管理体系、规范开展清洁生产审核、采用清洁生产先进技术、系统实施清洁生产方案等内容，培育一批高标准开展清洁生产的示范单位，树立典型，带动其他企业全面实施清洁生产。

8.2　清洁生产鼓励政策及约束机制

8.2.1　鼓励政策

8.2.1.1　资金支持

支持交通运输行业单位开展清洁生产审核。以北京市为例，对通过清洁生产审核评估的单位，享受审核费用补助。试点单位为非公共机构的，对实际发生金额在 10 万元以下的审核费用给予全额补助，实际发生金额超过 10 万元的部分给予 50%补助，最高审核费用补助额度不超过 15 万元。试点单位为公共机构的，根据实际发生的审核费用给予全额补助，最高补助额度不超过 15 万元。

对清洁生产实施单位在审核中提出的中/高费项目给予一定资金支持。以《北京市清洁生产管理办法》为例，根据实施单位全部清洁生产项目的综合投入、进度计划、进展情况及预期成效等方面，确定补助项目及补助资金。单个项目补助标准原则上不得超过项目总投资额的 30%，总投资额大于 3000 万元（含）的中/高费项目原则上应纳入政府固定资产投资计划；单个项目补助金额最高不超过 2000 万元。中/高费项目补助资金分批拨付，清洁生产绩效验收前拨付 70%补助资金，剩余资金在实施单位通过清洁生产绩效验收后拨付。

8.2.1.2　表彰奖励

建立清洁生产表彰奖励制度，对在清洁生产工作中做出显著成绩的单位和个人给予表彰和奖励。各级政府、行业协会、实施单位应当根据实际情况建立相应清洁生产表彰奖励制度，对表现突出的人员给予一定的奖励。交通运输行业主管部门优先推荐通过清洁生产绩效验收的实施单位参加国家和地方组织的先进单位评比、试点示范单位创建活动。鼓励财政部门对通过清洁生产绩效验收的实施单位给予资金奖励。

8.2.1.3　税收优惠

税收作为一种重要的经济手段，对清洁生产的推行具有重要的引导与刺激作用。因此，改革资源税与消费税，如扩大资源税的征税范围。对以难降解、有污染效应的物质为原料，仍沿用落后技术和工艺进行生产的可能导致环境污染的产品，以及一次性使用的产品要征收资源税和消费税。开征环境税并不是简单地增加企业的税负，而是在总税负基本不变的情况下，调整税收结构，通过税收对企业的环境绩效进行评判，奖优罚劣。具体来说，环境税应实行超额累进税率，充分体现污染者付费、多污染多付费的原则。环境税这个新税种开征后，逐渐提高环境税率，降低其他税收，通过“绿色税收改革”促进清洁生产的推广。

探索在服务业推行环保“领跑者”制度。如符合“领跑者”要求的单位，排污费减半征收；而环保违法者则加倍征收。

8.2.2 约束机制

8.2.2.1 建立环境准入和淘汰机制

综合考虑污染物排放标准、清洁生产评价指标体系、取水定额、能耗限额等标准要求，参考《北京市“十三五”时期绿色交通发展规划》《北京市建设低碳交通运输体系试点实施方案》等文件，逐步建立交通运输行业相关行业环境准入制度。在交通运输行业项目审批和建设阶段，强调生态设计，从源头降低资源能源消耗和污染物排放。在运营阶段，根据相关行业准入制度的要求，针对资源能源消耗、污染物排放等问题开展专项检查工作，对不符合要求的项目限期治理或淘汰。

8.2.2.2 依法开展清洁生产审核

根据《中华人民共和国清洁生产促进法》第三十九条，不实施强制性清洁生产审核，或者在清洁生产审核中弄虚作假的，或者实施强制性清洁生产审核的企业不报告或者不如实报告审核结果的，由县级以上地方人民政府负责清洁生产综合协调的部门、环境保护部门按照职责分工责令限期改正；拒不改正的，处以五万元以上五十万元以下的罚款。

根据《北京市清洁生产管理办法》（京发改规〔2013〕6号）相关规定，北京市对清洁生产审核实行名单管理制度，纳入审核名单的实施单位应按要求组织清洁生产审核。其中，强制性审核实施单位在名单公布之日起两个月内向相关部门提交审核计划，一年内向相关部门提交清洁生产审核报告，同时向社会媒体公布清洁生产目标、改进措施、实施周期等审核结果，接受公众监督，涉及商业秘密的除外。

对资源能源消耗量大、污染物排放量大或排放超标的交通运输企业，探索开展强制性清洁生产审核。

8.2.2.3　建立信息公开制度

做好信息公开。清洁生产管理部门应定期发布开展清洁生产审核、通过清洁生产审核评估和通过绩效验收的单位名单。实施强制性清洁生产审核的单位应当按规定进行信息公开，将审核结果在本区（县）主要媒体上公布，接受公众监督，涉及商业秘密的除外。

8.2.2.4　严格环境监督管理

相关管理部门应加强对交通运输企业的环境保护和节能监督管理。对不采用清洁生产技术的交通运输企事业单位，限制其经营许可证的颁发，金融机构不予贷款；对严重污染环境，能耗、水耗过高的单位，不采用清洁生产技术进行改造的，行业主管部门不得批准其恢复运营。对不符合要求的企业应及时处罚，并逐步加大处罚力度。

附录 行业政策类和技术类文件

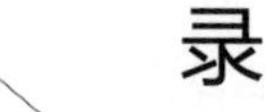

1 政策类文件

1.1 综合运输服务“十三五”发展规划

《综合运输服务“十三五”发展规划》提出：落实对新能源汽车推广应用的政策措施，鼓励研发专用车型，推动完善加气、充换电等配套设施。以城市公交、出租汽车、邮政快递等领域为重点，大力推广应用插电式混合动力汽车，积极推广应用纯电动汽车。建立健全绿色维修技术和管理体系，支持企业推进绿色维修设施设备及工艺的升级改造。

1.2 交通运输节能环保“十三五”发展规划

《交通运输节能环保“十三五”发展规划》（交规划发〔2016〕94号）部分内容规定如下。

（1）推进交通运输业节能降碳

如推进运输装备专业化、标准化和大型化；鼓励淘汰老旧、高能耗车辆、船舶和作业机械，推广应用高效、节能、环保的车辆装备，加快推进内河船型标准化；优化交通运输能源消费结构；加大新能源和清洁能源在城市公共交通和客货运输领域的应用；鼓励太阳能、风能等清洁能源及充换电配套设施在交通基础设施建设运营中的应用。

(2) 强化基础设施生态保护

如将生态保护理念贯穿交通基础设施规划、建设、运营和养护的全过程；积极倡导生态选线、生态环保设计，减少对自然保护区等生态敏感区域的切割影响；综合应用先进的生态工程技术，降低交通基础设施对陆域、水生动植物及其生境的影响，严格落实生态保护和水土保持措施，加强植被保护与恢复，全面提升交通基础设施景观服务品质。

(3) 全面开展污染综合防治

如推进运输枢纽场站污染防治；积极支持淘汰黄标车；鼓励采用温拌沥青等先进工艺，减少交通基础设施建设过程中的废气排放。

(4) 推进资源节约循环利用

如积极推动废旧路面、沥青等材料再生综合利用，以及钢材、水泥等主要建材的循环利用；扩大粉煤灰、煤矸石、矿渣、废旧轮胎等工业废料和疏浚土、建筑垃圾在交通基础设施建设运营中的无害化处理和综合利用；鼓励交通建设企业加入区域资源再生综合交易系统，行业内外协同提升资源循环利用水平。

(5) 加强节能环保监督管理

1) 健全绿色交通制度和标准体系　研究制定绿色交通发展制度体系框架，全面涵盖交通运输绿色发展的政策、法规、标准等制度；有序推进绿色交通领域各项相关制度的制修订工作，并加强实施效果评估，形成推动绿色交通发展的长效机制，发布《绿色交通标准体系》，研究制定交通运输用能设备、设施、企业能耗和碳排放强度，交通运输环保和能耗统计分析，交通运输污染防治技术与环保产品、交通运输清洁能源应用，交通运输环境监测和能耗监测等方面的标准。

2) 强化行业节能环保管理　在交通运输基础设施建设过程中严格执行国家环保“三同时”制度和节能评估制度，严格遵守监管所有污染物排放的环境保护管理制度；继续开展交通运输规划和建设项目环境影响评价、项目节能评估工作；鼓励各省、市及企业结合自身情况编制交通运输绿色发展专项规划，加强节能环保管理体系建设。

技术。

② 推进城市绿色货运配送体系建设，完善城市配送车辆标准和通行管控措施，鼓励节能环保车辆在城市配送中的推广应用。

③ 加快建立再生资源回收物流体系，重点推动包装物、废旧电器电子产品等生活废弃物和报废工程机械、农作物秸秆、消费品加工中产生的边角废料等有使用价值的废弃物的回收物流发展。加大废弃物回收物流处理设施的投资力度，加快建设一批回收物流中心，提高回收物品的收集、分拣、加工、搬运、仓储、包装、维修等管理水平，实现废弃物的妥善处置、循环利用、无害环保。

1.5 加快推进绿色循环低碳交通运输发展指导意见

《交通运输部关于印发〈加快推进绿色循环低碳交通运输发展指导意见〉的通知》（交政法发〔2013〕323号）部分内容如下。

（1）加强生态环境保护

严格执行交通建设规划和建设项目环境影响评价、环境保护“三同时”和建设项目水土保持方案编制制度；提倡生态环保设计，严格落实环境保护、水土保持措施，加强植被保护和恢复、表土收集和利用、取弃土场和便道等临时用地生态恢复；推进绿化美化工程建设；加强施工期间环境保护工作，确保施工期间污染物排放达标；加强交通基础设施建设、养护和运营过程中的污染物处理和噪声防治。

（2）优化交通运输装备结构

提高交通运输装备、机械设备能效和碳排放标准，严格实施运输装备、机械设备能源消耗量准入制度；积极推广应用高能效、低排放的交通运输装备、机械设备，加快淘汰高能耗、高排放的老旧交通运输装备、机械设备，提高交通运输装备生产效率和整体能效水平；推动建立交通运输装备能效标识制度，鼓励购置能效等级高的交通运输装备。

（3）加快推广节能与清洁能源装备

推进以天然气等清洁能源为燃料的运输装备和机械设备的应用，加强加气、供电等配套设施建设；积极探索生物质能在交通运输装备中的应用；推广应用混合动力交通运输装备，推进合同能源管理在用能装备和系统中的应用，采用租赁代购模式推进电池动力的交通运输装备应用；推进模拟驾驶和施工、装卸机械设备模拟操作装置应用，积极推广应用绿色维修设备及工艺。

（4）加强交通运输装备排放控制

严格落实交通运输装备废气净化、噪声消减、污水处理、垃圾回收等装置的安装要求，有效控制排放和污染；严格执行交通运输装备排放标准和检测维护制度，加快淘汰超标排放交通运输装备；鼓励选用高品质燃料；加强交通运输污染防治和应急处置装备的统筹配置与管理使用。

（5）加快发展绿色货运和现代物流

充分发挥各种运输方式的优势，大力发展滚装运输、驮背运输等多式联运；加快发展专业化运输和第三方物流，积极引导货物运输向网络化、规模化、集约化和高效化发展，优化货运组织，提高货运实载率；加强城市物流配送体系建设，建立零担货物调配、大宗货物集散等中心，提高城市物流配送效率；依托综合交通运输体系，完善邮政和快递服务网络，提高资源整合利用效率。

（6）加强绿色循环低碳交通运输技术研发

加快推进基于物联网的智能交通关键技术研发及应用、交通运输污染事故应急反应与污染控制的关键技术研究及示范等重大科技专项攻关，实现重大技术突破；大力推进交通运输能源资源节约、生态环境保护、新能源利用等领域的关键技术、先进适用技术与产品研发。

（7）加强绿色循环低碳交通运输技术和产品推广

加快研究制定绿色循环低碳交通运输技术政策；及时发布绿色循环低碳交通运输技术、产品、工艺、科技成果推广目录，积极推进科技成果市场化、产业化；大力推进绿色循环低碳交通运输技术、产品、工艺的标准、计量检测、认证体系建设。

（8）推进交通运输信息化和智能化建设

推动建立各种运输方式之间的信息采集、交换和共享机制，探索建立综合运输公共信息平台；积极推进客货运输票务、单证等的联程联网系统建设，推进条码、射频、全球定位系统、行包和邮件自动分拣系统等先进技术的研发及应用；逐步建立智能交通运输网络的联网联控和自动化检测系统，提高运行效率。

1.6 关于进一步加强公路水路交通运输规划环境影响评价工作的通知

《关于进一步加强公路水路交通运输规划环境影响评价工作的通知》（环发〔2012〕49号）强调，落实规划环评和项目环评的联动机制，环境保护行政主管部门要加强对公路水路交通运输规划环境影响评价工作的指导。

《通知》要求，交通运输行政主管部门在组织编制公路水路交通运输规划时，应严格执行规划环境影响评价制度，同步组织开展规划环境影响评价工作。已批准的规划在实施范围、适用期限、规模、结构和布局等方面进行重大调整或修订的，应当重新或补充进行环境影响评价。

《通知》指出，综合交通运输体系规划环境影响评价，应立足当地资源环境特点，重点分析综合交通运输体系规划实施的环境制约因素，预测分析综合交通运输体系规划实施对区域资源环境的直接、间接和累积影响，并提出规划优化调整建议和减轻环境影响的针对性措施。

国（省）道公路网规划、公路运输枢纽总体规划环境影响评价，应按照“统筹规划、合理布局、保护生态、有序发展”的原则，科学合理地确定公路网、公路运输枢纽布局、规模和技术标准，优化交通运输资源配置，完善公路网络结构，从源头预防或减轻公路建设的生态环境影响。港口总体规划环境影响评价，应综合判断港口开发可能对区域资源环境带来的不良影响，从源头避免港口开发建设的生态环境影响；航道建设规划环境影响评价，要坚持合理利用资源，维护生态平衡；涉及航电枢纽建设的，要贯彻落实“生态优先、统筹考虑、适度开发、确保底线”的基本原则，重点关注规划实施可能产生的重大生态环境影响。

《通知》还要求，加强公路水路交通运输规划环境影响报告书的审查。审查小组的专家应当从环境保护行政主管部门依法设立的环境影响评价审查专家库内的相关专业、行业专家名单中随机抽取，应当包括环评、交通环保、水环境、水生生态、陆生生态、大气环境、声环境、重金属、化学品环境管理、规划等方面的专家，专家人数不得少于审查小组总人数的1/2。

1.7 交通运输部关于加快推进公路路面材料循环利用工作的指导意见

《交通运输部关于加快推进公路路面材料循环利用工作的指导意见》（交公路发〔2012〕489号）提出目标如下。

1）高速公路　到“十二五”末，路面旧料回收率达到100%，循环利用率达到90%以上，其中，东、中、西部分别达到95%以上、90%以上、85%以上。到2020年，路面旧料循环利用率达到95%以上。

2）普通干线公路　到“十二五”末，路面旧料回收率达到95%，循环利用率达到70%以上，其中，东、中、西部分别达到80%以上、70%以上、60%以上。到2020年，路面旧料循环利用率达到85%以上。

3）农村公路　“十二五”期间，要积极开展路面旧料的回收与循环利用，到2020年，基本实现路面旧料的回收与循环利用。

主要任务如下。

(1) 科学制定工作方案

各省（区）、市交通运输主管部门要科学制定公路路面材料循环利用工作方案，明确“十二五”及今后较长时期内公路路面材料循环利用的工作目标、重点任务和保障措施，层层分解任务并落实责任，确保公路路面材料循环利用工作的有序推进和目标的实现。

(2) 加强路面旧料回收管理

各省（区）、市交通运输主管部门要制定公路路面旧料回收管理办法，充分发挥市场机制作用，积极引导和支持路面旧料回收站点的建设。高速公路、普通干线公路大中修和改建工程的路面旧料应尽快实现集中回收与统筹利用。具备条件的农村公路路面旧料可集中回收与统筹利用，不具备条件的应就地利用，避免废弃和污染。

(3) 加强路面材料循环利用技术推广

各省（区）、市交通运输主管部门要积极引导并大力推广公路路面材料循环利用技术，综合考虑公路等级、工程性质及规模、路面旧料类型及质量、施工环境、交通与气候条件等因素，合理选用路面材料循环利用技术，面层材料与基层材料原则上应分别回收与循环利用，确保高价值的路面旧料得以科学高效地循环利用。

(4) 加强工程设计源头管理

公路改建和养护工程设计应优先采用路面材料循环利用技术，加强对路面再生结构组合和再生材料的设计，明确路面旧料预处理要求、再生混合料设计方法及技术标准，细化施工工艺、关键环节控制及质量检评标准，形成可靠耐久、经济合理的设计方案。

(5) 加强工程施工管理

要强化施工过程管理，确保路面材料循环利用工程施工条件、技术力量和管理监督同步到位，同时，要通过铺筑试验路段，验证施工工艺、关键环节控制及质量检评标准，确保路面材料循环利用工程的施工质量，使循环利用路面的使用寿命达到设计年限。

1.8　公路水路交通运输节能减排“十二五”规划

《交通运输部关于印发公路水路交通运输节能减排“十二五”规划的通知》(交政法发〔2011〕315号）部分内容如下。

(1) 营运车船燃料消耗量准入与退出

全面实施营运车辆燃料消耗量限值标准，在相关财税政策的支持配合下，试点开展老旧车辆提前退出运输市场。建立健全营运车船燃料消耗检测体系，加强检测监督管理，促进汽车生产企业和修造船厂切实强化节能减排技术进步与创新，加强对高能耗运输车船进入市场运营的源头控制。

(2) 推广使用节能与新能源车辆

进一步促进混合动力、纯电动等节能与新能源车辆的推广应用，重点针对新能源车辆在城市公共汽车和出租车示范推广过程中的安全、便捷使用和维修问题，加强相关设施建设和人员培训，减少车辆运行中安全、故障等问题，降低车辆运行费用。

(3) 推广使用天然气车辆

逐步提高城市公交、出租汽车中天然气车辆的比重，在城市物流配送、城际客货运输车辆中积极开展试点推广工作，以新购置的天然气车辆代替淘汰的老旧车辆。

(4) 大力推广绿色驾驶

总结和推广汽车和船舶绿色驾驶操作与管理经验、技术，组织编写汽车驾驶员和船员绿色驾驶操作手册和培训教材，将节能减排意识和技能作为机动车驾驶培训教练员、汽车驾驶员、船员从业资格资质考核认定的重要内容和依据。

(5) 组织实施绿色维修工程

针对目前我国机动车维修业的环保状况，从机动车维修业的废物分类、管理要求、维修作业和废弃物处理等方面加强机动车维修的节能减排，重点加强对废水、废气、废机油、废旧蓄电池、废旧轮胎等废弃物的处置和污染治理。

(6) 合同能源管理推广工程

加快培育专业节能服务公司，积极引导大型交通运输企业、科研咨询机构、行业协会等组建专业节能减排服务公司，为企业实施节能减排改造提供诊断、设计、融资、改造、运行、管理等“一条龙”服务。

1.9 建设低碳交通运输体系指导意见

《关于印发〈建设低碳交通运输体系指导意见〉和〈建设低碳交通运输体系试点工作方案〉的通知》(交政法发〔2011〕53号) 部分内容如下。

(1) 目标

公路水路交通运输及城市客运的能耗及二氧化碳排放强度目标如下。

1) 公路水路运输

① 能源强度指标，到2015年和2020年，营运车辆单位运输周转量能耗比2005年分别下降10%和16%，其中，营运客车分别下降6%和8%，营运货车分别下降12%和18%。

② CO_2 排放强度指标，到2015年和2020年，营运车辆单位运输周转量 CO_2 排放比2005年分别下降11%和18%，其中，营运客车分别下降7%和9%，营运货车分别下降13%和20%。

2) 城市客运

① 能源强度指标，到2015年和2020年，城市客运单位人次能耗比2005年分别下降18%和26%，其中，城市公交单位人次能耗分别下降14%

和22%，出租汽车单位人次能耗分别下降23%和30%。

② CO_2 排放强度指标，到2015年和2020年，城市客运单位人次 CO_2 排放比2005年分别下降20%和30%，其中，城市公交单位人次 CO_2 排放分别下降17%和27%，出租汽车单位人次 CO_2 排放分别下降26%和37%。

（2）重点任务

1）着力发展高效运输方式 加快发展道路甩挂运输、滚装运输、驮背运输、江海直达运输等高效运输方式；提高运输组织化程度，积极推进多式联运加快发展，加快培育规模化、网络化运作的运输企业，加快综合运输管理和公共信息服务平台建设；推广出租车差别化运营方式，加快建立以电话预约方式为主、巡弋出租和专用候车点出租为辅的出租汽车服务体系。

2）优化运力结构 严格执行营运车辆燃料消耗量限值标准，加快淘汰老旧车辆；加快发展适合高等级公路的大吨位多轴重型车辆、汽车列车以及短途集散用的轻型低耗货车；鼓励发展低能耗、低排放的大中型高档客车，大力发展适合农村客运的安全、实用、经济型客车；大力发展大容量的城市公共交通工具。

3）积极推进运输的信息化和智能化进程 加快现代信息技术在运输领域的研发应用，逐步实现智能化、数字化管理；加快物联网技术在道路运输领域的推广应用，推广无线射频识别（RFID）、智能标签、智能化分拣、条形码技术等，提高运输生产的智能化程度；推广高速公路不停车收费（ETC）系统、智能城市公交调度系统、出租车智能调度信息服务平台等，完善公众出行信息服务系统，促进客货运输市场的电子化、网络化，实现信息共享和提高运输效率。

4）加快替代能源的推广应用 鼓励替代能源技术在营运车船中的应用；积极使用和推广混合动力、天然气动力、生物质能和电能等节能环保型城市公交车，开展新能源出租汽车试点工作；在有条件的地区鼓励道路运输企业使用天然气、混合动力等燃料类型的营运车辆，鼓励在干线公路沿线建设天然气加气站等替代燃料分配设施。

5）推广交通运输装备节能操作技术 宣传节能低碳的驾驶技术，在驾培机构开设培养良好驾驶习惯的课程和教育，推广使用模拟器教学；在道路运输企业加强节能驾驶培训，推广操作经验，宣传引导良好驾驶习惯；加快推广带式输送机逆向启动等港口装备的节能操作技术，推广船舶节能驾驶技术。

6）实施运输装备燃料消耗与碳排放限制　在现有营运车辆燃料消耗量限值标准基础上，制定营运车辆及公交车碳排放限值标准，建立完善准入机制和超过限值标准车辆的退出机制、配套经济补偿机制。

7）加快节能型运输装备的推广应用　进一步推进营运车辆的柴油化进程，鼓励和引导运输经营者购买和使用柴油汽车，提高柴油在车用燃油消耗中的比重；推广应用自重轻、载重量大的运输装备；鼓励节能高效的车辆发动机技术研发及应用，引导运输企业使用节能型车辆，推广双尾船等节能环保型营运船舶。

2　技术类文件

2.1　《公路货运站站级标准及建设要求》（JT/T 402—2016）

《公路货运站站级标准及建设要求》（JT/T 402—2016）部分内容如下。

站内布局按货运业务不同，分区设置相应设施，并具有合理生产关系，生产设施、设备要符合生产工艺的要求。危险货物的储存与作业应在相对独立的专门区域内进行。

站内布局符合国家和当地政府现行的安全、消防、环保等有关规定。

危险货物运输设施建设，在选址、布局、结构、功能等方面，既要适应危险货物运输的技术条件、生产安全要求，又必须符合环境保护、消防安全、劳动保护、交通管理等方面的规定。

2.2　《道路货物运输评价指标》（GB/T 20923—2007）

《道路货物运输评价指标》（GB/T 20923—2007）部分内容如下。

该标准规定了道路货物运输的运输能力、运输经济、运输效率、燃料消耗，即环保、运输质量、服务质量、搬运装卸质量、运输安全质量和不良记录的评价指标。其中百吨公里燃料消耗和环保合格率相关内容如下。

（1）百吨公里燃料消耗

考核期内，营运车辆完成百吨公里周转量的平均燃料消耗数量的计算单位为升每百吨公里［L/(100t·km)］。计算公式：

$$百吨公里燃料消耗=\frac{燃料消耗总量}{总货物周转量/100}$$

(2) 环保合格率

考核期内，实际检查总车次数量中符合环保规定的车次数的计算单位为百分数（%）。计算公式：

$$环保合格率=\frac{合格车次数}{检查总车次数}\times 100$$

2.3《车用压燃式、气体燃料点燃式发动机与汽车排气污染物排放限值及测量方法（中国Ⅲ、Ⅳ、Ⅴ阶段）》（GB 17691—2005）

《车用压燃式、气体燃料点燃式发动机与汽车排气污染物排放限值及测量方法（中国Ⅲ、Ⅳ、Ⅴ阶段）》（GB 17691—2005）部分内容如下。

该标准规定了装用压燃式发动机的汽车及其压燃式发动机所排放的气态和颗粒污染物的排放限值及测试方法以及装用以天然气（NG）或液化石油气（LPG）作为燃料的点燃式发动机汽车及其点燃式发动机所排放的气态污染物的排放限值及测量方法。该标准适用于设计车速大于 25km/h 的 M2、M3、N1、N2 和 N3 类及总质量大于 3500kg 的 M1 类机动车装用的压燃式（含气体燃料点燃式）发动机及其车辆的型式核准、生产一致性检查和在用车符合性检查。限值如下。

ESC 试验测得的一氧化碳、总烃类化合物、氮氧化物和颗粒物的比质量，以及 ELR 试验测得的不透光烟度，都不应超出表 2 中给出的数值。

表 2　ESC 和 ELR 试验限值

项目 阶段	一氧化碳(CO)/[g/(kW·h)]	烃类化合物(HC)/[g/(kW·h)]	氮氧化物(NO_x)/[(g/kW·h)]	颗粒物(PM)/[g/(kW·h)]	烟度/m^{-1}
Ⅲ	2.1	0.66	5.0	0.10　0.13①	0.8
Ⅳ	1.5	0.46	3.5	0.02	0.5
Ⅴ	1.5	0.46	2.0	0.02	0.5
EEV (环境友好汽车)	1.5	0.25	2.0	0.02	0.15

① 对每缸排量低于 0.75dm^3 及额定功率转速超过 3000r/min 的发动机。

对于需进行ETC附加试验的柴油机和必须进行ETC试验的燃气发动机，其一氧化碳、非甲烷烃类化合物、甲烷（如适用）、氮氧化物和颗粒物（如适用）的比质量，都不应超出表3给出的数值。

表3　ETC试验限值　　单位：g/(kW·h)

阶段＼项目	一氧化碳(CO)	非甲烷烃类化合物(NMHC)	甲烷($CH_4$①)	氮氧化物(NO_x)	颗粒物(PM②)
Ⅲ	5.45	0.78	1.6	5.0	0.16 0.21③
Ⅳ	4.0	0.55	1.1	3.5	0.03
Ⅴ	4.0	0.55	1.1	2.0	0.03
EEV(环境友好汽车)	3.0	0.40	0.65	2.0	0.02

① 仅对NG发动机。

② 不适用于第Ⅲ、Ⅳ和Ⅴ阶段的燃气发动机。

③ 对每缸排量低于0.75dm^3及额定功率转速超过3000r/min的发动机。

2.4 《地铁车辆段、停车场区域建设敏感建筑物项目环境噪声与振动控制规范》(DB11/T 1178—2015)

《地铁车辆段、停车场区域建设敏感建筑物项目环境噪声与振动控制规范》(DB11/T 1178—2015) 部分内容如下。

该标准规定了地铁车辆段、停车场区域建设敏感建筑物项目环境噪声与振动控制的原则、方法和要求。

地铁车辆段、停车场内线路宜使用无缝线路，在无条件使用无缝线路时应考虑使用减振接头夹板等控制措施，必要时可考虑阻尼吸振技术措施，小曲线半径处加装涂油装置等措施。

地铁车辆段、停车场内的大型铣磨设备及风机、电机、空压机、水泵等设备，应进行减振降噪处理。

当敏感建筑物在源强控制措施无法实现或无法满足环境标准要求时，应采用传播途径控制措施和（或）建筑物防护措施保证室内环境噪声与振动达到标准要求。

声屏障措施的设置应考虑声源和保护对象的位置关系，以及屏体的隔声、吸声性能等要素，同时还要考虑采光、清洁、通风和景观等因素，科学设计声屏障的结构形式、长度、高度等。声屏障结构设计时应注意防止受轨道振动激励而产生结构噪声，必要时可采用解耦隔振装置或选用低辐射效率板材。

声屏障屏体可采用吸声材料提高降噪效果。具有吸声性能的声屏障设计时，还应根据降噪量需求，针对声源特性选用吸声材料及吸声结构，合理优化吸声处理面积。

敏感建筑物采用隔声窗措施降低室外环境噪声污染时，宜考虑室内通风换气需求，且隔声指标不应小于 30dB。

敏感建筑物面向道路一侧，可通过设置隔声外廊或采用吸声处理等措施降低噪声影响；面向道路的敏感建筑宜按房间使用功能进行合理布局。

2.5 《汽油车双怠速污染物排放限值及测量方法》（DB11/ 044—2014）

《汽油车双怠速污染物排放限值及测量方法》（DB11/ 044—2014）部分内容如下。

该标准规定了汽油车双怠速污染物的排放限值及测量方法。不同类别车辆的双怠速污染物排放限值如表 4 所列。

表 4　双怠速污染物排放限值

<table>
<tr><th rowspan="3">项目
实施日期及车型</th><th colspan="4">工况</th></tr>
<tr><th colspan="2">怠速</th><th colspan="2">高怠速</th></tr>
<tr><th>CO/%</th><th>HC①/(×10⁻⁶)</th><th>CO/%</th><th>HC①/(×10⁻⁶)</th></tr>
<tr><td>1999.1.1 起登记注册的第一类轻型汽车</td><td>0.8</td><td>150</td><td>0.3</td><td>100</td></tr>
<tr><td>2000.1.1 起登记注册的第二类轻型汽车</td><td>1.0</td><td>200</td><td>0.5</td><td>150</td></tr>
<tr><td>2000.1.1 起登记注册的重型汽车</td><td>1.5</td><td>250</td><td>0.7</td><td>200</td></tr>
<tr><td>1998.12.31 前登记注册的经改造的第一类轻型汽车</td><td rowspan="2">1.0</td><td rowspan="2">200</td><td rowspan="2">0.7</td><td rowspan="2">200</td></tr>
<tr><td>1999.12.31 前登记注册的经改造的第二类轻型汽车</td></tr>
<tr><td>1994.12.31 前登记注册的第一类轻型汽车</td><td rowspan="2">4.5</td><td rowspan="2">900</td><td rowspan="2">2.5</td><td rowspan="2">900</td></tr>
<tr><td>1999.12.31 前登记注册的第二类轻型汽车</td></tr>
<tr><td>1999.12.31 前登记注册的重型汽车</td><td>4.5</td><td>1200</td><td>2.5</td><td>900</td></tr>
</table>

① 对于装用以天然气为燃料的点燃式发动机车辆，该项目为推荐性要求。

2.6 《柴油车自由加速烟度排放限值及测量方法》(DB11/ 045—2014)

《柴油车自由加速烟度排放限值及测量方法》(DB11/ 045—2014) 部分内容如下。

该标准规定了柴油车自由加速烟度的排放限值及测量方法。自由加速烟度排放限值如表5所列。

表5 自由加速烟度排放限值

实施日期及车型＼项目		波许烟度①/Rb	光吸收系数②/m^{-1}
新生产的重型汽车	客车	—	0.7
	货车	—	0.8
2000年7月15日起登记注册的轻型汽车		2.5	0.8
2000年7月15日起登记注册的重型汽车	客车	2.8	1.0
	货车	3.0	1.1
2000年7月15日前登记注册的汽车		3.5	1.3

① 2005年7月1日起登记注册的车辆，自由加速烟度限值必须采用不透光烟度法测量，波许烟度不再适用。

② 新生产的汽车和2005年7月1日起登记注册的车辆，自由加速烟度限值可选择制造厂提供的该车型型式核准批准的自由加速排气烟度排放限值加0.5m^{-1}，但不得超过表5中的相应限值。

2.7 《在用柴油汽车排气烟度限值及测量方法（遥测法）》(DB11/832—2011)

《在用柴油汽车排气烟度限值及测量方法（遥测法）》(DB11/ 832—2011) 部分内容如下。

烟度限值按如下规定执行。

① 2005年12月30日及以后在北京登记注册的柴油车和经市环保局批准，2005年12月29日（含）之前登记注册的已经提前达到国家第Ⅲ阶段排放标准且领取绿色环保标志的柴油车，以及经治理改造取得绿色环保标志的柴油车，执行表6中的Ⅰ类限值标准。

② 2005年12月29日（含）前在北京注册的柴油车，执行表6中Ⅱ类

限值标准。

③ 外埠柴油车，执行表 6 中Ⅱ类限值标准。

表 6　柴油车遥测烟度限值

项目 类别	不透光烟度限值 $N/10^{-2}$
Ⅰ类	15
Ⅱ类	25

2.8 《危险废物收集 储存 运输技术规范》（HJ 2025—2012）

《危险废物收集 储存 运输技术规范》（HJ 2025—2012）部分内容如下。

① 危险废物公路运输应按照《道路危险货物运输管理规定》（交通部令〔2005〕第 9 号）《汽车运输危险货物规则》（JT 617）以及《汽车运输、装卸危险货物作业规程》（JT 618）执行；

② 废弃危险化学品的运输应执行《危险化学品安全管理条例》有关运输的规定；

③ 运输单位承运危险废物时，应在危险废物包装上按照《危险废物储存污染控制标准》（GB 18597）附录 A 设置标志，其中医疗废物包装容器上的标志应按《医疗废物专用包装袋、容器和警示标志标准》（HJ 421）要求设置；

④ 危险废物公路运输时，运输车辆应按《道路运输危险货物车辆标志》（GB 13392）设置车辆标志。